빛으로 말하는 현대물리학

—광속도 C의 수수께끼를 추적—

고야마 게이타 지음

손영수 옮김

전파과학사

머리말

물리학의 대상이 되는 세계를 바라보면 새삼 그 영역의 광대함에 놀라게 된다. 이를테면 대상의 크기에만 주목하더라도, 작게는 쿼크에서부터 크게는 우주의 끝까지 그 비율은 10의 40제곱을 능히 넘어서 있다. 거의 자연계를 송두리째 상대하고 있다고 해도 지나친 말이 아니다.

또 근대로부터 현재까지의 역사를 더듬어 보더라도, 물리학자의 관심은 시대마다 여러 가지 문제로 돌려지고 각광을 받는 테마도 다양하게 변천해왔다. 그런 의미에서 물리학은 다분히 '끼'가 많다고나 할까 '바람둥이' 학문일지도 모른다.

그러나 인간이라면 몸가짐이 바른 편이 낫겠지만, 자연의 수수께끼에 도전하는 과학에는 많은 상대와 자꾸 사귀어 나가는 능동적인 면이 필요하다. 그것이 또 물리학의 반경을 이토록 넓혀준 원동력이다.

어쨌든 간에, 이토록 다채로운 물리학 가운데 시대와 분야를 초월하여 항상 중요한 자리를 차지해 온 것이, 바로 이 책의 주인공인 「빛」이다.

시험 삼아 근대물리학의 탄생이나 고전물리학의 완성, 현대물리학으로의 변혁 등 역사의 커다란 마디마디로 눈을 돌리면, 거기에는 여러 가지 형태로 빛이 깊숙이 관여한다는 사실을 알게 된다.

이를테면 뉴턴이 손수 만든 프리즘으로 빛의 스펙트럼을 관측한 것은 유명한 이야기인데, 거기에는 실험을 중시하는 근대과학의 정신이 숨 쉬고 있다. 또 광학 원리에 바탕을 둔 망원경의 발명과 개량이 우주에 대한 인간의 시야를 비약적으로 확대시킨 것은 더 말할 필요조차 없다. 그 성과가 18세기에 꽃을 피운 천체 역학을 지탱하기도 했다.

19세기로 접어들면 적외선, 자외선이라고 하는 눈에 보이지 않는 새로운 빛이 발견된다. 이리하여 빛의 세계가 확대됨에 따라 「입자냐, 파동이냐?」 하는 빛의 본성을 에워싼 논쟁이 활발해진다.

그것에 대한 결말은 일단 1850년, 물속에서의 광속도의 측정으로 밝혀졌고, 파동설의 승리로 돌아갔다.

그런데 이 무렵(19세기 후반)부터 물리학의 발전 과정에서 광속이 특별한 의미를 갖게 된다. 광속의 특이성이 서서히 떠올라 왔다고 표현하는 것이 좋을지 모른다.

우선 시초는 전자기학의 체계화 과정에서 나타났다. 광속의 값이 결정적인 수단이 되어, 빛은 바로 전자기파라고 하는 것이 제시됐던 것이다. 또 20세기를 맞이하자 아인슈타인에 의해 「광속도 불변의 원리」가 제창된다. 이것으로 우주에 충만한 것이라고 오랫동안 여겨졌던 에테르의 환상이 사라지고, 그 대신 상대성 이론이 태어난다. 그리고 광속도 c는 물리학의 보편 상수로서 다뤄진다.

한편 상대성 이론과 더불어 현대물리학에서 또 하나의 기둥을 이루는 양자 역학도 그 탄생의 계기는 빛(열복사의 스펙트럼)의 연구였다. 그리고 빛에는 파동과 입자의 이중성이 갖추어져 있다고 하는 불가사의한 특성이 밝혀지고, 미지의 세계를 기술하는 새로운 이론이 형성돼 갔다.

　최근의 연구 전반을 살펴보더라도 소립자와 물성, 우주의 탐구로부터 갖가지 테크놀로지의 응용으로, 빛은 여전히 물리학의 장대한 체계 속에서 확고부동한 주역의 자리를 차지하고 있다.

　이렇게 생각하면, 신(神)은 빛을 키워드로 하여 우주의 창조와 자연계의 드라마 시나리오를 썼던 것이 아닌가 하는 생각조차 든다. 그렇다고 하면 물리학은 빛을 귀중한 실마리로 하여, 신이 엮어나간 시나리오를 이해하는 지적(知的) 작업이라고 말할 수 있을지 모른다.

　그래서 빛을 단면으로 삼아, 거대화한 현대물리학의 프로필을 그려 본 것이 이 책이다. 이것이 물리학을 고찰하는 새로운 시도로 독자 여러분이 즐겨 준다면 다행이다.

　이 책의 출판 즈음해서는 고단사(講談社) 과학도서 출판부의 다나베(田邊端雄) 씨에게 큰 신세를 졌다. 필자의 머릿속에 서 정리되지 못한 채 흐트러져 있던 여러 가지 생각, 아이디어가 이렇게 한 권의 책으로 정리될 수 있었던 것은 다나베 씨와 의 대화에 힘입은 바가 크다. 이에 지면을 빌어 감사를 드린다.

고야마 게이타

차례

1장
태초에 빛이 있었느니라

14

1. ⟨천지 창조⟩ 이야기

20년쯤 전의 일이지만 ⟨천지 창조⟩(20세기 폭스사 제작)라고 하는 미국 영화가 상연된 적이 있었다. 구약 성서에 쓰여 있는 '노아의 방주'니 '바벨탑의 붕괴'니 하는 유명한 이야기가 옴니버스 형식으로 엮인 스펙터클 영화로서, 당시 그 제작 규모의 웅대함이 화제가 되었다.

확실히 평판 그대로 호화 배역진을 갖춘 갖가지 대규모의 장면은 그것만으로도 무척 즐거웠으나, 그보다도 영화의 첫머리에 나오는 천지 창조의 엄숙한 정경이 오히려 필자의 인상에 강렬하게 남아 있다.

「한 처음에 하느님께서 하늘과 땅을 지어 내셨다.

땅은 아직 모양을 갖추지 않고 아무것도 생기지 않았는데

어둠이 깊은 물 위에 뒤덮여 있었고

그 물 위에 하느님의 기운이 휘돌고 있었다.

하느님께서 "빛이 생겨라!" 하시자 빛이 생겨났다.」

라고 하는 「창세기」의 첫머리에 나오는 말씀을 배경으로 하여, 어둠 속으로부터 밝은 빛이 조용히 퍼져 나가는 장면은 무척이나 감동이었던 것을 지금도 생생하게 기억하고 있다.

이리하여 '빛'과 함께 탄생한 천지에 낮과 밤의 구별이 생기고 낮을 지배하는 태양, 밤을 지배하는 달, 그리고 하늘에 반짝이는 별들이 태어난다. 또 지상에 온갖 식물과 동물이 창조되는 ⟨천지 창조⟩의 도입부는 「창세기」의 기술을 좇아, 그 상태를 절묘하게 그려내면서 이윽고 이야기는 '아담과 이브의 탄생'으로 전개되어 간다(그림 1-1).

〈그림 1-1〉 태초에 빛이 있었느니라

2. 지구의 탄생은 기원전 4004년?!

영화 소개는 이쯤 하고, 애당초 이 같은 성서가 말하는 천지
창조—그것은 동시에 지구의 탄생을 뜻하고 있는 셈이다—란 도대체
어느 무렵의 연대를 상정한 것이었을까?

여기에 재미있는 이야기가 하나 있다. 17세기 중엽, 아일랜
드의 어셔(Ussher) 대주교가 성서의 해석에 근거를 두고 「지구
는 기원전 4004년에 창조되었다」는 견해를 발표했다고 한다(P.
클라우드 『우주·지구·인간』, 〈그림 1-2〉).

어떻게 계산을 하였기에 이토록 확실한 연대를 산출했는지
자세한 일은 알 수 없으나, 어쨌든 지금에 와서 생각해 보면
꽤나 지구의 나이를 젊게 어림했었다는 생각이 든다.

하지만 당시의 상황을 생각한다면 그것은 결코 무리가 아니
었을 것이다.

17세기 중엽이라고 하면, 뉴턴(I. Newton, 1642~1727)이 잉글랜드의 시골에서 탄생한 지 얼마 안 되던 무렵이다. 근대과학도 이제 막 걸음마를 시작하던 때이다. 과학이 성서를 대신해 지구의 기원을 논할 만한 단계까지는 도저히 이르지 못했다. 코페르니쿠스(N. Copernicus, 1473~1543)의 지동설(태양 중심설)로부터 이미 1세기가 지나고 있었지만, 과학보다는 신학(神學)이 사람들의 사상과 자연관에 강력한 영향을 미치고 있던 시대였다.

그런 만큼 우주의 너비에 대해서도 또 지구의 연대에 대해서도 꽤나 한정된 시야밖에 갖지 못했던 것은 어쩔 수 없는 일이었다.

따라서 어셔 대주교의 「기원전 4004년 설」이 어느 정도로 당시의 사람들에게 침투되어 있었는지는 접어두고라도, 17세기에 일반적인 천지 창조의 연대 인식은 대체로 이런 정도였을 것이다.

3. 다윈의 고민

그렇다면 과학이 이 문제를 정면으로 논의하게 된 것은 언제쯤이었을까? 이것은 의외로 늦어서 19세기 후반으로 접어들고부터이다.

1863년, 윌리엄 톰슨(W. Thomson, 1824~1907, 후에 켈빈(Kelvin) 경이 되어, 절대온도의 단위(K)에 이름을 남긴 19세기의 대표적인 물리학자)은 지구가 고온의 질펴질퍽하게 녹은 상태로부터 냉각 과정을 더듬어 왔다고 가정하여 지구의 나이를 수천만 년이라고 산출했다.

〈그림 1-2〉 어셔 대주교 가라사대
'신은 기원전 4004년에 이 세상을 창조하셨다'

　이 값도 지금에 와서 보면 17세기의 어셔 대주교의 설과 오십보백보로서 너무나 짧은 값이기는 하지만, 만약 도입한 가정과 조건을 옳은 것이라고 인정한다면 톰슨의 계산은 당시 물리학의 이론에 비추어 보아 완벽한 것이었다. 반론의 여지가 없었던 것이다.

　그런데 이 같은 톰슨의 연구가 발표된 덕분에 골치를 썩게 된 인물이 있었다. 그보다 4년 전(1859)에 『종(種)의 기원』을 발표하여 진화론을 제창한 다윈(C. R. Darwin, 1809~1882)이었다.

　지구가 탄생한 지 불과 수천만 년이라고 한다면 도저히 원시생물이 인간으로 진화할 수 없다. 「시간을 더!」 외치고 싶었을 테지만 어찌하랴. 톰슨의 주장을 뒤엎을 만한 충분한 과학적 근거를 당시의 다윈은 찾아내지 못했다.

〈그림 1-3〉 지구가 이토록 젊어서는 진화론이 성립되지 않는다!

하는 수 없이 다윈은 이 문제에 관해 1872년에 간행한 『종의 기원』 제6판에서 다음과 같이 언급하고 있다.

「톰슨 경이 우리 행성이 응고하고 난 이후의 시간 경과가 생물 변화의 총량에 대해 충분하지 않았다고 주장한 이의는 아마 현재까지 제출된 가장 중대한 것의 하나인데, 나는 다만 다음의 말을 할 수 있을 뿐이다.

즉 첫째로, 우리는 종(種)이 햇수로 쳐서 어느 정도의 속도로 변화하는지를 알지 못한다는 점, 둘째로 많은 물리학자는 현재로서는 아직 우리가 우주의 구성이나 지구 내부의 구성에 대해 안심하고, 그 과거의 존속 기간을 추측할 수 있을 만큼 충분히 알고 있다는 것을 인정하려 하고 있지 않다는 점이다.」

물론 결과적으로 보면 톰슨의 계산 값은 지나치게 빗나간 예상이었지만, 앞에서 말했듯이 19세기 후반의 시점에서는 이 주장이 널리 받아들여질 만한 설득력을 지니고 있었다(그림 1-3).

그런 만큼 인용한 다윈의 반론에는 어딘지 모르게 핵심을 피하려 하는 듯한 여운이 감돌고 있다. 어쨌든 그에게는 몹시도 골칫거리였을 것이다.

4. 연기된 「최후의 심판」

그런데 19세기 말에 방사능이 발견된 것을 계기로, 지구의 나이 문제는 커다란 전환점을 맞이했다.

암석에 함유되는 방사선 원소(우라늄이나 토륨 등)가 붕괴할 때에 발생하는 열이 지구를 가열하고 있다는 것을 알았기 때문이다. 즉 지구는 내부에 방사성 물질이라고 하는 열원(熱源)을 가지고 있기 때문에, 결코 일방적으로 냉각만 계속하는 것이 아니었던 것이다.

이러한 가능성이 있다는 것을 처음으로 공개석상에서 지적한 것은 영국의 러더퍼드(E. Rutherford, 1871~1937)로서 1904년 런던의 왕립협회에서 한 강연에서였다.

이것에 대해 런던의 대중지는 '최후의 심판의 날 연기되다'라는 표제 아래 러더퍼드의 발표를 소개하고 있다(방사성 열원이 냉각 속도를 지연시키기 때문에, 지구의 수명이 연장된다는 뜻이리라).

그런데 이날 강연장에는 공교롭게도 켈빈 경의 모습이 보였다. 이때에 러더퍼드는 아직 32세로서, 80세가 되는 영국 물리학계의 중진을 앞에 두고 당사자의 학설을 부정한다는 것이 무척이나 괴로웠을 것이다.

난처하게 된 러더퍼드는 신중하게 말을 골라가면서 다음과 같이 말했다고 한다.

〈그림 1-4〉 방사성 원소는 지구의 '주머니 난로'이자, 나이를 재는 '시계'
이기도 하다

「켈빈 경은 새로운 열원이 아무것도 발견되지 않는다는 조건 아
래서 지구의 나이를 이렇게 한정했던 것입니다.

즉 이 설은 지금 여기서 생각하고 있는 것, 즉 라듐(방사성 원소)
의 존재를 암암리에 예언하고 있었던 것이라고 말할 수 있습니다.」

아주 교묘한 표현이다. 그 말에 만족했는지 켈빈 경은 러더
퍼드를 향해 빙그레 미소를 보냈다고 전해지고 있다.

이 강연이 있은 지 3년 후에 켈빈 경은 세상을 떠났다. 한편
이듬해(1908)에 러더퍼드는 「원소의 붕괴와 방사성 물질의 화
학」으로 노벨화학상을 받았다. 그 일을 돌이켜 보면, 1904년의
왕립협회에서의 강연은 신구 과학자가 연출한 과학사상 멋진
한 장면이었다는 느낌이 든다.

어쨌든 이리하여 켈빈 설이 일축되자 방사성 원소의 붕괴는

열원으로서뿐만 아니라, 지구의 나이를 측정하는 '시계'로서도 주목을 끌게 되었다(그림 1-4).

즉 붕괴하는 속도가 개개 원소에 고유의 값이므로, 어떤 물질의 방사능의 세기를 측정하면 그 물질의 나이를 추정할 수 있다.

자세한 설명은 생략하겠지만, 최근은 지구로 날아오는 운석— 이것은 태양계 속에서 지구와 거의 같은 무렵에 태어난 것으로 추정된다—에 대한 방사성 원소의 연대 측정으로부터, 지구는 46억 년 전에 탄생했다고 추정하게 되었다. 이만한 세월이라면 다윈도 한시름 놓았을 것이다.

5. 우주의 탄생은 빛과 더불어

그런데 지구가 탄생한 지 46억 년이 경과했다고 하면, 그것을 감싸는 우주의 탄생은 당연히 그보다 훨씬 이전이라고 봐야 한다. 그렇다면 도대체 어느 정도나 앞섰을까?

우선 결론을 말한다면, 약 138억 년 전 우주는 한 점으로 응축되어 있다가 갑자기 대폭발(Big Bang)을 일으키며 탄생하여, 지금도 아직 팽창을 계속하고 있다고 현대과학은 생각하고 있다. 이렇듯 과학자가 마치 직접 그것을 보고 온 듯이, 우주의 기원을 자신 있게 기술하는 것은 그런대로 근거가 있기 때문이다.

그 하나는 먼 곳의 성운일수록 그 거리에 비례하는 큰 속도로서 지구로부터 멀어져 가고 있다는 관측 사실(이것을 「허블의 법칙」이라고 한다)이다.

그리고 또 하나의 근거는, 우주의 모든 방향으로부터 지구를 향해 균일하게 내리쏟는 전파(이것을 「우주배경복사」라고 한다)의 존재이다.

여기서 허블(E. P. Hubble, 1889~1953)의 법칙이 우주의 팽창을 가리키는 것임은 금방 이해할 것이라고 생각하지만, 우주배경복사(宇苗背景福射)에 대해서는 약간의 설명이 필요할지 모르겠다.

앞에서 말한 대폭발이 일어난 순간, 우주에 존재하는 모든 물질(에너지)은 형용조차 할 수 없을 만한 극미의 공간에 밀어넣어져 있었기 때문에, 그곳은 상상도 못할 고밀도의 세계가 형성되어 있었을 것이다.

따라서 갓 태어난 우주는 물질을 구성하는 원자는커녕 전자나 양성자, 중성자 따위도 아직 형성되지 않은, 모든 것이 질퍽질퍽하게 녹아 있는 고온 상태에 있었고 빛의 에너지가 충만한 세계였다.

그런 의미에서는 현대과학이 묘사하는 우주도 「창세기」에 있는 것처럼 빛과 더불어 탄생했다고 표현할 수 있다—다만 탄생 때의 상태는 도저히 「창세기」에 있는 것과 같은 온화한 것은 아니었을 테지만—.

어쨌든 이리하여 태어난 우주는 급격히 팽창하는 동시에 그 온도를 낮추어 갔다. 그리하여 138억 년의 시간이 걸려서 우주는 현재의 상태로 변화해 왔던 것이다.

변화는 했지만, 뜨거웠던 초기 우주에 충만해 있던 빛의 흔적은 지금도 우주 공간을 떠돌아다니고 있다고 생각할 수 있다. 말하자면 138억 년 전의 빛의 '화석'이 존재하는 셈이다.

물론 우주의 팽창과 대응하여 '화석'이 된 빛의 온도—빛은 온도로 환산할 수 있다―는 당연히 낮아져 있을 것이다.

과연 1965년에 벨연구소의 펜지어스(A. Penzias, 1933~?)와 윌슨(R. W. Wilson, 1936~?)은 3K(절대온도)까지 내려간 '찬' 빛(=전파)이 끊임없이 우주의 모든 방향으로부터 균일하게 오고 있다는 것을 발견했다.

이것이야말로 대폭발의 '잔광(殘光)'이며 우주 시작*을 말해 주는 물적 증거였다. 기이하게도 우주배경복사의 발견은 영화 〈천지 창조〉의 완성과 시기를 거의 같이하는 사건이었다.

6. 인간의 뿌리는 원시의 빛

이상, 요약하여 설명한 두 가지 관측 사실(「허블의 법칙」과 「우주배경복사」)을 기초로 하여 대폭발 우주론은 현재 너른 지지를 받고 있다.

그리고 이 우주론이 묘사하는 시나리오에 따르면, 대폭발 후 우주가 팽창하고 온도가 내려가는 과정에서 먼저 전자와 양성자 등의 입자가 형성되고, 그것을 바탕으로 가벼운 원소가 생성된 것으로 본다.

또 그것들이 모여서 가스 운(雲)이 형성되고, 이윽고―그러나 대폭발로부터 10억 년 이상이 경과한 시점이기는 하지만―밝게 빛나는 별이 등장했다. 그것은 우주를 비추어 주는 새로운 빛의 탄생이기도 했다.

그러한 별들의 하나인 태양의 빛을 받아 지구 위에는 생명이 싹트고, 그 진화의 연장선 위에 인류가 출현했던 것이다.

이렇게 더듬어보면 인간의 존재도 그 궁극의 뿌리는 우주 시

---

* 편집자 주 : 시작(또는 창성) 어떠한 일을 처음으로 이룸.

작 때에 빛난 원시의 빛에 도달한다고 말할 수 있을지 모른다.

이제 빛과 더불어 개막된 우주의 프롤로그가 일단락된 듯하므로 2장부터는 그러한 빛의 본성을 인간이 어떻게 파악하여 왔는지를 근대부터 현대에 이르는 역사의 발자취를 따라서 살펴보기로 하자.

그리고 맨 마지막 장(에필로그)에서는 「만약에 빛의 속도가 달라졌었더라면, 우주는 존재했을까?」라는 가공할 문제에 관해 생각해 보기로 하자.

이것은 물론—우주는 현실로 존재하고 있으므로—가상으로서의 이야기가 되겠지만, 현재 과학에 있어서는 무척 흥미로운 테마이기 때문이다.

2장
근대과학은 빛의 연구와 더불어

26

1. 알렉산더 대왕의 가정교사

세계사의 지도책을 펼쳐보면 고대, 중세에 이미 엄청나게 광대한 지역을 지배했던 국가가 존재한다는 사실에 놀라게 된다. 이를테면 기원전 4세기에 지중해 연안으로부터 중앙아시아에 걸쳐서 알렉산더 대왕(Alexandras Ⅲ, B.C 356~323)이 건설한 제국이 있다.

기원전 336년, 암살을 당한 부왕 필립 2세(Philip Ⅱ)의 뒤를 이어, 스무 살에 마케도니아 왕으로 즉위한 알렉산더는 먼저 국내를 안정시키고 그리스를 지배한 뒤, 동방에 군림하는 페르시아 제국으로 향해 군사 행동을 일으켰다. 이것이 10년(기원전 334~324년)에 이르는 유명한 「알렉산더 대왕의 동방 원정」의 시작이다.

그 진격은 바로 파죽지세(破竹之勢)*로서 단기간에 광대한 제국이 형성되어 가는데, 이때 알렉산더는 학자를 동행하여 정복한 지역의 기후와 생물 등을 조사하게 했음이 알려져 있다. 즉 원정군은 동시에 학술 조사대와 그리스 문화를 전파하는 역할도 겸하고 있었던 것이다.

또 기원전 331년, 이집트에 건설된 도시 알렉산드리아는 문화와 학술의 중심지로 번영하여 후에 유클리드(Euclid), 아르키메데스(Archimedes), 에라토스테네스(Eratosthenes) 같은 우리에게도 친숙한 학자들이 활약하는 무대가 되었다.

이같이 알렉산더는 정복욕뿐만 아니라 학문에도 깊은 관심을 쏟고 있었다는 것을 알 수 있는데, 그 계기를 부여한 사람이

---

* 편집자 주 : 대나무의 한 끝을 갈라 내리 쪼개듯 거침없이 적을 물리치며 진군하는 기세.

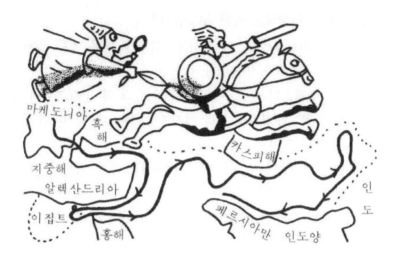

〈그림 2-1〉 알렉산더 대왕의 동방 원정에는 학자도 함께 갔다

유명한 아리스토텔레스(Aristoteles, B.C 384~322)였다.

알렉산더가 13세가 되었을 때, 부왕 필립은 아들의 가정교사로서 이 그리스 최대의 철학자를 초빙했던 것이다. 아마도 역사상 이만큼 사치스런 가정교사는 없었을 것이다(그림 2-1).

아리스토텔레스의 저술은 「자연학」, 「우주론」, 「동물지(動物誌)」에서부터 「정치학」, 「경제학」, 나아가서는 「형이상학(形而上學)」, 「시학(詩學)」, 「변론술」 등 여러 분야에 걸쳐 '만학(萬學)'의 시조라고 일컬어지기에 그에 걸맞은 장대한 체계를 자랑하기 때문이다.

다감한 소년 시절에 이러한 학문의 신과 같은 인물로부터 직접 가르침을 받은 경험은, 후에 대왕이 되고 나서도 알렉산더에게 큰 힘이 되었을 것이다.

28

2. 색채를 결정하는 것은 무엇인가?

그런데 아리스토텔레스의 감화*를 강하게 받은 것이 알렉산더 대왕 한 사람만은 아니었다.

아리스토텔레스의 학문, 특히 자연학은 그 후 근대과학이 탄생하기까지 약 2000년간 유럽 세계에서 '예지의 패러다임'으로 계속 군림했던 것이다.

그렇다면 이 책의 주제인 빛에 대해서도 우선 학문의 신 아리스토텔레스의 이론을 경청하는 것에서부터 시작해야 할 것이다.

아리스토텔레스 광학(光學)의 특징을 한마디로 말하면, 빛의 본성을 색채와 강력하게 결부시켜서 논하고 있는 점이다. 그렇게 된 이유는 당시의 상황을 생각하면 어느 정도 짐작이 간다.

고대 그리스 시대에는 일상 경험을 통해서 그대로 자연을 이해하고 있었다. 즉 오늘날과 같이 실험에 의해 자연의 본질을 조사하는 식의 적극적인 자세는 아직 없었으며, 주변의 자연 현상을 바탕으로 그 본질을 머릿속에서만 생각하는 사변적(思辨的)인 파악 방법이 이뤄졌다.

따라서 '빛이란 무엇인가'를 논할 경우도, 그것과 깊이 관련되는 색채—이것은 시각(視覺)**에 호소하는 알기 쉬운 개념이다—의 연구에 가장 힘을 쏟았을 것이다.

그런데 아리스토텔레스는 섞인 것이 없는 순수한 색깔, 즉 백색이야말로 빛의 본성이라고 생각했다. 또 빛의 대조적인 개념으로서 어둠(暗度)을 설정하고 적, 청, 황 등의 색채의 차이는 빛과 어둠의 혼합 상태로 결정된다고 말했던 것이다.

---

* 편집자 주 : 좋은 영향을 받아 생각이나 행동이 바람직하게 변함.
** 편집자 주 : 외계의 빛이 자극하여 일어나는 감각.

칵테일 '색채'입니다

BAR
ARISTOTELES

어둠   빛

〈그림 2-2〉 색채는 빛과 어둠의 '칵테일'이라고 아리스토텔레스는 생각했다

　말하자면 두 종류의 음료수 배합을 바꾸어서 여러 가지 칵테일(혼합주)을 만드는 것과도 같은 것이다. 이 같은 사고방식을 「빛의 변용설(變容說)」이라고 한다(그림 2-2).

　이를테면 검은 숯을 태우면 빨갛게 된다. 이것은 불에서 나오는 빛(백색)과 숯의 어둠이 섞인 결과라고 보았다. 또 태양빛이 유리의 프리즘을 통과하면, 이른바 「무지개의 일곱 색깔」로 나뉘는 현상이 있다. 이것도 프리즘의 두꺼운 부분을 통과한 빛은, 얇은 부분을 통과한 빛보다 유리에 함유되는 어둠을 더 많이 받아들이기 때문이라고 해석되었다. 즉 프리즘 속의 통과거리에 따라서 섞이는 어둠의 양이 달라지고, 그것이 색채의 차이로 나타난다고 하는 것이다.

　이야기가 좀 달라지지만, 지상에 존재하는 갖가지 물질은 모두 네 종류의 원소(흙, 물, 공기, 불)로 이루어져 있다고 아리스토텔레스는 생각했다. 물질의 무한한 다양성을 불과 네 원소의 조합으로 환원시켰던 것이다.

그렇게 생각하고서 이 두 개의 사고방식을 비교해 보면, 색채의 다양성을 빛과 어둠이라고 하는 두 개의 조합으로 귀착시킨 변용설은 그 근저에 원소론(元素論)과 통하는 데가 있었는지 모른다.

원소론이든 빛의 변용설이든 그 자체는 근대과학의 대두와 더불어 이윽고 매장될 운명에 있었지만 자연의 복잡성과 다양성을 유한한 요소로 분해하여 파악하려 했던 아리스토텔레스의 자세는 일부 현대과학에도 계승되어 있는 듯하다.

3. 뉴턴의 첫 논문

그것은 어쨌든 간에 지금 말한 빛의 변용설은 17세기 후반까지 강력한 영향력을 유지해 왔는데, 이토록 위대한 아리스토텔레스의 학설에 이론을 제기한 용기 있는 젊은이가 마침내 나타났다. 그가 뉴턴이다.

시대는 1665년. 이해에 뉴턴은 케임브리지의 트리니티대학을 졸업했다.

그런데 이때 잉글랜드에는 한창 페스트*가 맹렬한 위세를 떨치고 있어 대학이 한때 문을 닫았다. 부득이 고향 울즈소프로 돌아온 뉴턴은 뜰에 큰 사과나무들이 무성한 생가에서 대학이 다시 열리기까지 1년 반을 혼자서 조용히 사색에 잠겨 있었다.

이 뜻밖의 휴교가 뉴턴의 이름을 역사에 남기는 원인이 되었

---

* 편집자 주 : 페스트균에 의한 급성 전염병.

다. 만유인력의 법칙, 미적분법 같은 위대한 연구의 착상이 이 기간에 싹텄기 때문이다. 그리고 그중에는 빛의 연구도 포함되어 있었다(앞으로 소개할 광학 실험을 실제로 한 것은 페스트가 거의 수습되어 한때 케임브리지로 돌아와 있던 1666년의 일이었던 것 같다).

뉴턴은 이때의 실험 결과를 바탕으로 그로부터 6년 후인 1672년에 「빛과 색채에 대한 새 이론」이라는 제목의 논문─이것은 뉴턴의 첫 논문이 되었다─을 왕립협회의 『철학회보』에 발표했다. 그 서두는 아래와 같은 정경의 묘사로부터 시작되고 있다.

「1666년 초─이때 나는 광학 유리를 구면(球面) 이외의 형태로 연마하는 일에 전념하고 있었다─나는 삼각형의 유리 프리즘을 손에 넣고, 그것을 사용하여 잘 알려진 색채 현상을 시험해 보려고 했다.

방을 어둡게 하고는 적당한 양의 태양광선이 들어오도록 판자창에 작은 구멍을 뚫었다. 그리고는 맞은편 벽에 빛이 굴절해서 닿도록 프리즘을 놓아두었다.

그렇게 해서 나온 선명한 색채를 관찰하는 것은 무척 즐거운 일이었다.」

자기가 손수 만든 도구로, 자기 생각의 정당성을 확인하려고 실험에 열중했던 젊은 뉴턴의 즐거워하는 모습이 떠오른다.

그렇다면 어두운 방 속에서 뉴턴은 어떻게 하여 아리스토텔레스의 학설에 도전했을까? 그것을 다음에서 살펴보기로 하자.

4. 결정적 실험

인용한 논문에도 있듯이, 뉴턴은 먼저 어둡게 한 방의 판자창에다 작고 둥근 구멍을 뚫어놓고 거기로부터 들어오는 태양빛을 유리의 프리즘으로 굴절시켜 보았다.

그러자 판자창의 반대쪽 벽 위에, 양단이 반원이고 길쭉하게 뻗은 아름다운 색채의 띠가 나타났다. 띠의 하단(굴절이 최소인 위치)은 빨강, 상단(굴절이 최대인 위치)은 보라, 그 사이에 무지개의 일곱 가지 색깔이 연속적으로 분포해 있었다.

그래서 뉴턴은 프리즘의 두께와 입사하는 태양빛에 대한 프리즘의 각도 등을 바꾸어 보았다. 빛의 변용설에 따르면, 이렇게 하면 빛에 섞이는 어둠의 양이 변화하기 때문에 발생하는 색깔도 달라질 것이었다. 그런데도 색채의 띠에는 변화가 없었다.

다음에는 판자창의 구멍 크기를 바꾸어 빛의 양을 조절해 보았으나 역시 결과는 마찬가지였다. 그렇게 되자 빛의 변용설은 불리한 입장에 서게 된다.

불리하게 된 종전의 학설 대신, 뉴턴은 「태양빛은 굴절성이 다른 여러 가지 입사선으로 이루어지고, 각 입사선이 각각의 색채를 지니고 있다」고 하는 새로운 견해를 제시했다. 즉 아리스토텔레스가 말했듯이 백색(태양빛)은 결코 순수한 것이 아니라 굴절성이 다른 단색광이 혼합한 것이라고 보았던 것이다.

이러한 자기 주장을 검증하기 위해 뉴턴은 계속하여 두 개의 프리즘을 반대 방향으로 겹쳐서 빛을 통과시키는 실험을 해 보았다. 제1의 프리즘에서 각각의 색채로 분산했던 빛을 다시 한 번 제2의 프리즘에서 집광하는 것이다.

그러자 뉴턴이 예상했던 대로 색채의 띠가 사라지고, 그 대

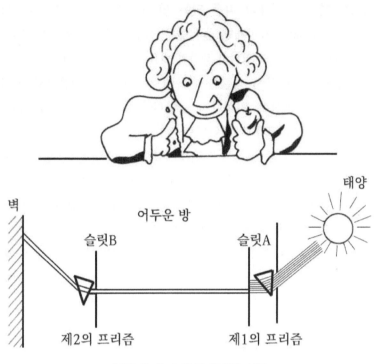

〈그림 2-3〉 뉴턴의 결정적 실험

신 백색의 스폿*이 나타났다. 이것은 단색광이 혼합하면 본래의 태양빛으로 되돌아간다는 것을 시사하고 있다. 뉴턴의 새로운 이론은 여기서 한 걸음 더 전진한 셈이다.

또 뉴턴은 스스로 「결정적 실험」이라고 이름 붙인 다음과 같은 창의적 연구를 하여, 최종적으로 아리스토텔레스의 학설에 종지부를 찍었다.

〈그림 2-3〉을 보자. 판자창의 구멍을 통과하여 오른쪽 제1

---

* 편집자 주 : 1차 전자 빔이 음극선관의 형광스크린을 때리는 것에 의해 생기는 밝은 영역.

의 프리즘으로 색채의 띠를 만든 빛 중에서, 어느 한 가지 색깔만을 골라내어 가리개에 뚫어놓은 슬릿을 통과시켜 보았다(슬릿의 위치를 조절하면 임의의 색깔의 빛을 추출할 수 있다).

그리고 그 한 가지 색깔을 왼쪽에 둔 제2의 프리즘으로 굴절시키자 빛의 분산은 일어나지 않았다. 벽 위에는 슬릿을 통과한 빛의 색깔이 그대로 나타났던 것이다.

또 제2의 프리즘에 의한 굴절의 정도는, 슬릿을 통과하는 빛이 빨강에서 보라로 옮겨가는 데에 따라서 커졌다.

이것은 바로 「빛은 굴절성이 다른 입사선의 혼합」이라고 하는 뉴턴의 이론을 실증하는 것이었다.

이리하여 『철학회보』에 실린 논문의 표제에 있듯이, 빛과 색채에 관한 새로운 이론—그것은 이윽고 아리스토텔레스의 변용설을 대신하는 것으로서—이 뉴턴에 의해서 탄생했던 것이다.

5. 사변(思辨)으로부터 과학으로

이상에서 보아왔듯이, 뉴턴은 교묘한 실험에 의해 종래의 학설을 논파했음을 알 수 있다. 즉 새로운 이론은 「실험」이라고 하는 근대과학의 새로운 방법으로 탄생한 것이다.

이 점에 대해서 뉴턴 자신도 1704년에 간행된 『광학(光學)』 가운데서 「나의 의도는 빛의 여러 가지 성질을 가설에 의해 설명하는 것이 아니라, 추론과 실험에 의해서 제안하고 증명하는 일이다」라고 말하여 실험의 중요성을 강조하고 있다.

앞에서도 언급했듯이 고대와 중세에는 자연을 사변적(思辨的)으로 파악할 뿐, 그 이상 캐고 들어가려고 하지 않았다.

그런데 근대로 접어들자, 실험—이것은 인간이 적극적으로 자연에 작용하여 숨겨져 있는 자연의 본질을 강압적으로 추출하는 작업이라고 표현할 수 있을 것이다—의 유용성에 주목하게 되었다. 바꾸어 말하면, 근대에 와서 자연과학이 급격한 발전을 이룩하게 된 일면에는 실험이라고 하는 방법의 확립이 있었던 것이다.

이렇게 생각하면, 뉴턴의 광학 실험은 단순히 새로운 이론을 낳았을 뿐만 아니라 근대과학의 탄생 그 자체에도 공헌했다고 할 수 있다.

그런데 앞서 인용한 논문의 첫머리에 있듯이, 이 무렵 뉴턴은 렌즈의 연마에 전념하고 있었다. 다시 말해 당시에 사용되던 굴절 망원경의 개량에 착수하고 있었다.

그러나 아무리 렌즈를 연마해도 굴절 망원경의 성능에는 한계가 있다는 것을 깨달은 뉴턴은, 그 후 반사 망원경의 개발에 착수하여 1668년 그 제작에 성공했다. 이 업적이 인정되어 첫 논문을 발표한 것과 같은 해인 1672년에 뉴턴은 왕립협회의 회원으로 뽑혔다.

또 그보다 3년 전에는 케임브리지대학의 루카스(Lukas) 강좌 교수로 취임했는데, 그때 다루었던 강의의 테마도 광학이었다.

우리는 뉴턴의 이름을 듣게 되면 사과 에피소드로 알려지는 만유인력이나 역학(力學)을 금방 연상하게 되지만, 뉴턴이 학자로서 등장한 것은 이같이 광학에 관한 연구였다는 것을 알 수 있다.

케임브리지의 트리니티대학을 방문하면, 예배당에 뉴턴의 대리석상이 장식되어 있다. 뉴턴 조각상이 손에 들고 있는 것이 아리스토텔레스이 변용설을 타파한 유리 프리즘인 것도 그것을 상징하는 것이리라.

6. 갈릴레이의 「유쾌한」 실험

뉴턴이 활약하기 시작했던 무렵, 바다 건너 유럽 대륙에서도 빛에 관한 획기적인 연구가 발표되었다. 1675년, 파리의 과학 아카데미에 덴마크의 천문학자 뢰머(O. C. Römer, 1644~1710)가 보고한 '광속도의 측정'이다.

잘 알려져 있듯이 빛은 초속 약 30만 ㎞의 속도로 진공 속을 전파한다. 그러나 이 속도는 우리의 감각에 비추어 볼 때 사실상 무한대라고도 할 수 있는 크기이다. 따라서 근대에 이르기까지 빛은 글자 그대로 순식간에 전파하는 것이라고 생각하고 있었다.

데카르트(R. Descartes, 1596~1650)도 1637년에 저술한 『굴절 광학(屈折光學)』 가운데서, 빛의 전파에는 시간을 요하지 않는다고 기술했을 정도이다.

그런데 인간의 이 같은 확신에 의문을 던지고, 과학적으로 광속도의 측정을 시도한 사람이 방금 소개한 뢰머였다.

그래서 유한성을 처음으로 지적한 갈릴레이(G. Galilei, 1564~1642)의 견해를 간단히 말해 두기로 한다.

갈릴레이는 『신과학 대화(新科學 對話)』(1638)의 일절에서 다음과 같은 '유쾌한' 실험을 소개하고 있다.

램프를 손에 든 두 사람이 마주 보고 서서 한 사람이 상대방 램프의 빛을 보면 즉시 자기 램프의 덮개를 벗기고, 상대에게 빛을 보낼 수 있게 연습을 거듭하여 익혀둔다. 이 기술이 충분히 익혀진 시점에서 두 사람은 충분한 거리를 두고 마주 서서, 서로 램프에서 나온 빛이 왕복하는 시간을 측정한다.

이렇게 하면 '빛의 속도가 얻어지지 않을까?' 하고 갈릴레이

〈그림 2-4〉 광속도가 유한하다면 그 속도를 측정할 수 있을 것이라고
         갈릴레이는 생각했다

는 예상했다(그림 2-4).

　이치상으로야 물론 그렇기는 하지만, 그러기에는 빛이 너무
나 빨랐다. 설사 서부 영화에 나오는 총잡이 정도의 반사 신경
으로 램프의 덮개를 벗겼다고 치더라도, 이 방법으로 광속도를
측정한다는 것은 유감스럽게도 도저히 불가능하다.

　하지만 실험 결과 자체는 그다지 의미가 없었다고 하더라도,
빛도 다른 물체의 운동과 마찬가지로 그 전파에는 시간을 요할
것이라고 생각한 갈릴레이의 안목은 과연 감탄할 만하다.

7. 빛의 속도는 유한한가?

　그러면 이야기를 다시 뢰머로 되돌리기로 하자. 그의 측정
방법은 말하자면, 갈릴레이의 아이디어를 지상이 아닌 우주에

38

서 실행한 것이라고 할 수 있다. 즉 우주를 무대로 하여 충분히 큰 거리를 취하면, 빛이 아무리 빠르더라도 거리를 전파하는 데에 소요되는 시간을 측정할 수 있다고 생각했던 것이다.

애당초 이것의 발단은, 당시 뢰머가 목성의 제일 안쪽 위성이라고 일컬어지던 이오(Io)를 관찰한 데서 시작한다〔목성에 4개의 위성이 존재한다는 것은 1610년, 갈릴레이에 의해 발견되었다. 현재 제일 안쪽 위성은 아말테아(Amalthea)이다*〕.

이 위성은 약 42.5시간의 주기로 목성 주위를 공전하고 있다. 그래서 지금 지구가 〈그림 2-5〉 A점에 왔을 때, 위성이 목성의 그늘로부터 나오는 것이 보였다고 하자(갈릴레이의 실험으로 말하면, 상대방의 램프 빛이 도달했다는 것에 해당한다).

만약에 지구가 그대로 A점에 멈춰 있다면 42.5시간마다 같은 현상이 일어나는 것이 된다. 그러나 실제는 위성이 목성 주위를 돌고 있는 동안에, 지구 쪽도 공전 궤도를 따라서 계속 이동해 버린다.

이를테면 위성이 50번을 돌았을 때, 지구가 B점에 왔다고 하자(정확하게는 그 사이에 목성도 위치를 바꾸고 있지만, 지구에 비해 목성의 공전 주기는 훨씬 크기 때문에 그 영향을 여기서는 무시하고 생각한다).

가령 빛이 순식간에 도달한다고 하면, A점에서부터 세어서 42.5×50시간 후에 위성이 다시 목성의 그늘로부터 나오는 것이 B점에서 관측될 것이다.

---

* 편집자 주 : 갈릴레이 위성(Galilean Moon)은 이오(Io), 유로파(Europa, 에우로페, 목성Ⅱ, Jupiter Ⅱ), 가니메데(Ganymede, 목성Ⅲ, Jupiter Ⅲ), 칼리스토(Callisto, 목성 Ⅳ, Jupiter Ⅳ)이다. 목성과의 거리는 아말테아→갈릴레이 위성순이다.

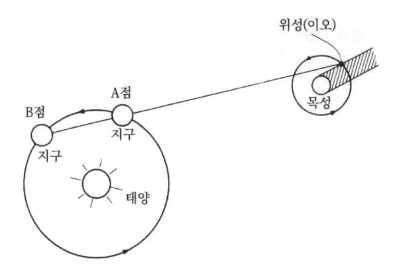

〈그림 2-5〉 뢰머의 광속도 측정. 그는 이 방법으로 빛은 초속 22만 ㎞라고
계산했다

그런데 광속도가 유한하다면, B점에서 위성의 모습을 잡는
것은 42.5×50시간에 빛이 AB 사이를 지나가는 시간을 보탠
후가 된다. 즉 지구가 목성으로부터 멀어져 가는 데 따라서 그
몫만큼 위성의 출현이 늦어 보이는 것이다.

이리하여 뢰머가 계산한 광속도의 값은 초속 약 22만 ㎞였다.

이 값은 현재 알려져 있는 광속의 약 70% 정도이므로, 정확
한 값을 얻었다고는 물론 말할 수 없다.

그러나 좀 난폭한 표현이 될지는 모르지만 17세기 후반이라
는 시대를 생각한다면 측정의 정밀도 따위는 아무래도 좋은 셈
이다. 다만 뢰머의 연구에 가치가 있는 것은, 어쨌든 처음으로
과학적으로 광속도의 유한성을 실증했다는 점이다.

그런데 그토록 중요한 연구였는데도 불구하고 뢰머의 지적은

40

광속과 음속

자주 광속의 설명에서 대조로 인용되는 것이 음속인데, 이 측정이 이루어진 것도 뢰머의 연구와 때를 거의 같이하는 1677년의 일이다.

미리 거리를 측정해 둔 두 점의 한쪽에서 총을 쏘아, 다른 한쪽에 있는 관측자가 나오는 연기를 보고 나서 총소리가 들리기까지의 시간을 계측하여 음속을 계산하는 방법으로서, 파리 과학 아카데미가 초속 356m라는 값을 얻었다.

현재 알려져 있는 음속이 초속 약 340m(0℃, 1기압 아래에서)인 것을 생각하면, 첫 시도로서는 매우 훌륭한 결과였음을 알 수 있다.

어쨌든 광속에 비하면 음속은 엄청나게 느린 셈인데, 그래도 웬만큼 주의하지 않으면 소리도 순식간에 전파하는 것이라고 단정하기 쉽다. 미리 말해둘 필요도 없겠지만, 상대방이 말하는 입의 움직임이 들려오는 말과 시차가 생기는 경험 따위는 해 본 적이 없다.

그러나 이를테면 여름의 상징이라고 할 불꽃을 예로 생각해 보자. 밤하늘을 배경으로 아름다운 빛 무늬를 그려내고 나서, 한순간의 시차를 두고서 '탕탕' 하는 큰 소리가 들려오는 것을 알 수 있다. 또 여름철의 번개도 그렇다. 파리한 번갯불이 번쩍하고 한참 후에야 '우르릉 쾅' 하는 소리가 들려온다. 번쩍하고 빛이 나왔을 때에 무사했다면 그 뒤는 겁날 것이 없을 텐데도, 생나무를 찢는 듯한 번개 소리를 들으면 깜짝 놀란다.

이러한 지식과 감각의 차이도 비길 수 없는 빛의 속도에서 기인하는 것이리라.

발표 당시에는 별로 주목을 끌지 못했다. 과학의 역사를 돌이켜 보면 위대한 발견이면서도 널리 받아들여지기까지 상당한 시간이 걸린 예를 많이 볼 수 있는데, 뢰머의 경우도 그러했다.

광속도의 유한성이 일반에게 인식된 것은, 뢰머로부터 반세기 후인 1728년, 영국의 브래들리(J. Bradley, 1693~1762)가 「광행로차(光行路差)」라고 불리는 현상을 발견하고 나서부터였다.

8. 브래들리의 직감

옥스퍼드대학의 교수로 있던 브래들리는 1725년 무렵부터 용자리의 감마(γ)별을 이용하여 항성의 연주시차(年周視差 : 어떤 항성을 지구에서 본 방향과 태양에서 본 방향의 차) 관측에 착수하고 있었다.

지구가 태양 주위를 돌고 있다고 하면, 같은 항성을 관찰하더라도 보이는 방향은 계절에 따라서 달라질 것이다. 이것을 「연주시차」라고 한다.

이 시차는 그림으로 그려 놓으면 아주 명확하게 보이지만, 지구의 궤도 반지름에 비해 항성까지의 거리가 엄청나게 크기 때문에 실제로는 굉장히 작은 값이 된다.

따라서 코페르니쿠스가 지동설(태양 중심설)을 제창하고 나서 2세기 가까이 지난 당시에도 아직 항성의 시차(視差)를 검출할 수가 없었다.

검출에 처음으로 성공한 사람은 1838년—브래들리의 관측으로부터 다시 1세기 이상이 지나고서의 이야기가 된다—독일의 천문학자 베셀(F. W. Bessel, 1784~1846)이다.

베셀은 백조자리 61번 별을 이용하여 그 시차가 0.3초각인

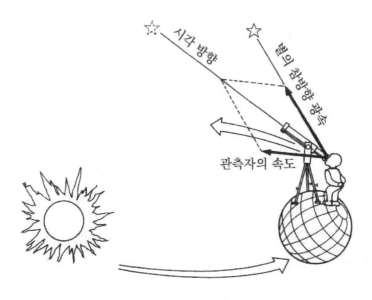

〈그림 2-6〉 광행로차가 일어나는 메커니즘.
이 발견으로 브래들리는 광속도가 유한하다는 것을 제시했다

것을 발견했다. 이 값은 쇠구슬의 크기를 10㎞ 떨어져 있는 곳
에서 보았을 때의 시각(視角)에 해당하는 작은 값이다.

그래서 브래들리 시대의 망원경으로는 도저히 이런 작은 각
도를 잡을 수가 없었던 것인데, 그 대신 브래들리는 용자리의
감마(γ)별이 주기적인 위치 변화를 나타낸다는 뜻밖의 현상을
알게 되었다.

그것을 알아챈 것까지는 좋았으나, 감마별이 왜 이런 불가사
의한 운동을 하는지 당시의 천문학의 상식으로는 설명이 안 되
었다. 물론 브래들리도 그 이유를 알 수가 없었다.

그런데 어느 날, 배의 기둥에 펄럭이는 깃발을 무심히 바라
보고 있던 브래들리의 머리에 갑자기 어떤 직감이 번쩍였다.

배의 진로가 바람이 부는 방향과 일치하고 있을 때는, 깃발은 당연히 바람 방향으로 펄럭인다. 그러나 배가 진로를 바꾸면 깃발은 배의 진로와 바람 방향, 그리고 두 속도에 따라서 결정되는 방향으로 펄럭이게 된다.

만약 빛의 속도가 유한한 것이라면, 관측자가 운동을 하고 있는 경우 기둥의 깃발과 마찬가지로 광원(光源)의 위치가 겉보기에 있어서 변화할 것이라고 그는 생각했다. 즉 항성의 위치 측정에는 빛의 속도와 지구가 공전하는 영향이 개입하게 되는 셈이다.

이 효과가 앞서 말한 「광행로차」이며, 이것에 의해 감마(γ)별의 뜻밖의 운동도 훌륭하게 설명할 수 있었다(그림 2-6).

이리하여 브래들리의 광행로차의 발견은 반세기 전에 있었던 뢰머의 측정에도 사람들의 관심을 되돌려 놓게 되어, 빛은 결코 순식간에 전파하지 않는다는 사실이 정착되기 시작했다.

또 천체 현상에 의존하지 않고, 지상의 실험실에서 처음으로 광속도의 측정에 성공한 것은 1849년, 프랑스의 피조(A. H. L. Fizeau, 1819~1896)이다.

피조는 고속으로 회전하는 기어로 빛의 진로를 여닫는 방법—이것도 어쩐지 갈릴레이의 실험을 방불케 하는 것이지만—에 의해 초속 31만 ㎞라는 값을 얻고 있다. 이후 실험 방법의 개량과 더불어 광속도의 정밀도가 급속히 향상되었다.

9. 천문학과 빛의 연구

여기서 2장을 정리하는 뜻도 겸하여 근대과학의 역사로 잠깐 눈을 돌려보면, 그 탄생과 발전에서 천문학의 연구가 중요한 역할을 하고 있었다는 사실을 알게 되었으리라. 또 「연구」 같은 딱딱한 표현을 하기보다 「우주에 대한 사람들의 호기심」이라고 표현하는 편이 이 문맥에는 적합할지 모른다.

이를테면 코페르니쿠스의 지동설, 행성의 운동에 관한 케플러(J. Kepler, 1571~1630)의 법칙, 망원경을 사용한 갈릴레이의 천체 관측 등이 곧 머리에 떠오를 것이다. 이들 사건은 각각의 입장으로부터 사람들의 자연 인식에 큰 영향을 미쳐 과학 추진의 '기폭제'가 되었다.

또 근대과학 최대의 완성품이라고 할 수 있는 뉴턴 역학이 그 위력을 유감없이 발휘한 최초의 대상은 다름 아닌 천체의 운동이었다. 우주를 무대로 뉴턴 역학은 세련된 이론 체계로 성장했던 것이다.

이러한 근대과학의 측면을 생각하면, 빛의 연구도 2장에서 말했듯이 천문학과의 관련—망원경의 개량이 계기가 된 뉴턴의 광학 실험, 천체 현상을 이용한 뢰머, 브래들리의 광속도 측정 등—가운데서 싹텄다는 것을 잘 이해할 수 있지 않을까?

3장
고전물리학과 빛의 정체

1. 멀티 인간, 영의 주장

현대처럼 학문이 극도로 전문화, 세분화된 시대가 되면 한 가지 일에 빼어나기조차 힘든 일인데, 19세기경에는 몇 가지 다른 분야에서 활약한 멀티 인간이 그런대로 눈에 띈다. 여기에 등장하는 영국의 물리학자 영(T. Young, 1791~1865)도 그런 사람 중의 하나이다.

영의 이름은 오늘날 탄성역학(彈性力學)의 「영률」이나 빛의 간섭을 가리키는 「영의 실험」 등을 통해서 알려져 있는데, 그는 본래 런던의 개업 의사였다. 의사의 입장에서 인간의 시각(視覺)에 관심을 갖기 시작해서, 난시와 색맹의 연구에도 업적을 남겼다.

영이 광학 연구에 본격적으로 착수하게 된 것도 이 같은 생리학적 흥미가 계기가 되었던 것 같다.

그리고 1803년 런던의 왕립협회에서, 현재 물리학의 어떤 교과서에도 다 실려 있는 유명한 「빛의 간섭 실험」을 발표했다. 이로써 영은 빛의 본성이 파동이라는 주장을 하려 했었다.

그런데 이것을 발표한 순간, 영의 파동설은 영국의 학계로부터 몰매를 맞고 말았다.

영의 논리에 불충분한 데가 있었던 탓이기도 했지만, 가장 큰 이유는 파동설이 빛을 입자라고 보았던 뉴턴의 견해에 반하고 있었기 때문이다(그림 3-1).

좀 더 분명히 말한다면, 「위대한 뉴턴의 권위를 손상시키는 학설을 주장하다니 무슨 짓이냐!」고 하는 히스테릭한 국민 감정이 앞서, 과학과는 다른 차원에서 비판된 흠이 있다.

이런 소동에 진절머리가 난 영은 곧 빛의 연구에서 손을 떼

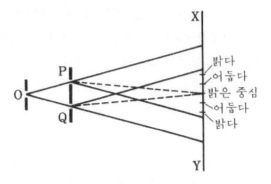

왼쪽 점광원으로부터 나와서 슬릿 P, Q를 통과하는 빛은
오른쪽 스크린 X, Y에 명암의 줄무늬를 만든다.
  빛의 파동의 마루와 마루, 골짜기와 골짜기가 서로 강화
하여 밝은 무늬가 되고, 마루와 골짜기가 겹쳐져서 어두운
무늬가 된다고 생각하면 명암의 줄무늬를 설명할 수 있다.

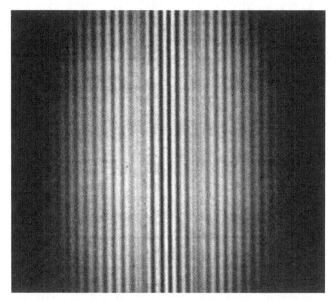

〈그림 3-1〉 영의 실험(위)과 빛의 간섭무늬(아래). 광파의 간섭에
          의해 밝은 빛의 띠와 어두운 띠가 번갈아 생긴다

버렸다. 그리고 의사로서의 일을 하는 한편, 다음에 힘을 쏟은 것은 놀랍게도 고고학(考古學)의 연구였다. 그것도 「로제타석(石)」의 해독이라고 하는 어려운 문제에 도전했다.

로제타석이란 나폴레옹(B. Napoleon, 1769~1821)이 거느리는 프랑스군이 이집트의 나일강 하구의 로제타에서 발굴한 현무암의 석판(石板)이다.

석판 상단에는 상형문자, 중단에는 그것의 약체(略體)*, 하단에는 그리스 문자가 빽빽하게 새겨져 있었다. 당시 고대 이집트의 상형문자는 아직 해독되어 있지 않았기 때문에, 그리스 문자와 아울러 기록된 로제타석은 해독의 실마리를 제공하는 것으로서 크게 주목을 끌었다.

그런데 비문의 연구에 착수한 영은, 고생 끝에 프톨레마이오스(Ptolemaeos)라는 왕의 이름을 해독한 것을 실마리로 몇 가지 고유명사를 밝혀내는 데에 성공했다. 이같이 의사, 물리학자, 고고학자로서 영의 다방면에 걸친 재능은 여러 분야에서 마음껏 발휘되었다.

그리고 로제타석의 완전한 해독에 성공한 사람은 1822년 프랑스의 천재 언어학자인 샹폴리옹(J. F. Champolion, 1790~1832)이었다.

2. 뉴턴의 그림자가 빛의 파동설을 뒤덮다

이야기가 크게 빗나갔지만, 이쯤에서 궤도를 수정해 두기로 하자.

방금 말했듯이, 영의 파동설은 빛의 연구에 큰 '파문'을 던지

---

* 편집자 주 : 자획을 줄여 만든 글씨체.

3장 고전물리학과 빛의 정체   49

게 되었다. 그것은 입자설에 대항하는 파동설의 출현이라는 도식으로서 파악된다.

그런데 지금 뉴턴의 이름이 다시 등장했는데, 엄밀하게 말하면 뉴턴 자신은 「빛의 본성은 입자다」라고 단정적인 표현을 한 것은 아니었다. 오히려 그것은 해결되지 않고 있는 사항으로서, 사람들에게 문제를 제기하려 했었던 점이다.

이를테면

> 「빛의 사선(射線)*은 발화 물질로부터 방출되는 미소한 물질이 아닐까? 왜냐하면 이 같은 물질은 균일한 매질(媒質) 속을 직선으로 진행하고, 그림자 쪽으로는 구부러지지 않기 때문이다. 그것이 빛의 사선의 본성이다.」
>
> (『광학』의 「의문 29」)

라고 말했듯이.

그런데 이 인용문에서 말하는 「미소한 물질」이니 「직선으로 진행한다」는 따위의 표현이 있었기 때문에, 뉴턴이 입자설을 분명히 주장한 것이라고 해석되어버린 것이다.

그리고 일단 정착된 해석은 본인의 의사—뉴턴은 1727년에 작고했지만—와는 상관없이 혼자 나아가기 시작했던 것이다.

한편 18세기는, 뉴턴 역학이 많은 후계자에 의해 갈고닦아져 그 유효성에 사람들이 심취해 있던 시대였다.

그런 만큼, 자연과학에서의 뉴턴의 권위는 나는 새도 떨어뜨릴 만큼 당당했다. 특히 그가 살던 영국에서의 뉴턴의 숭배열이 얼마나 컸는지는 어렵지 않게 상상할 수 있다.

---

* 편집자 주 : 화살표와 같이 방향을 나타내는 직선.

그렇게 되자 뉴턴의 학설은 절대적이며, 따라서 빛의 입자설을 의심하고 든다는 것은 생각조차 할 수 없는 일이었다. 하기야 때로 이론을 제기하는 사람도 있기는 했지만, 소수 의견으로서 완전히 묵살되고 말았다. 즉 한 위대한 인물의 존재가 과학의 자연스런 성장을—특정 분야에 한정하고서의 이야기이기는 하지만—뒤틀어버린 것이다(물론 뉴턴 본인에게는 책임이 없는 일이었지만).

이렇게 생각하고 보면 18세기는 빛나는 뉴턴 역학의 발전이 이룩되는 한편, 적어도 빛의 본성에 관해서는 일종의 '암흑 시대'이기도 했던 셈이다. 뉴턴을 매개로 한 바로 빛과 그늘의 공존이었다고도 할 수 있다.

이러한 상황 속에서 19세기로 들어서자 영은 바로 뉴턴의 견해를 부정하는 언동을 취했던 셈이다. 가엾기는 하지만 영이 몰매를 맞게 된 것도 당연한 일이었다.

3. 빛의 원소는 존재하는가?

여기서 빛의 입자설이 끼친 영향이 얼마나 강했는지를 가리키는 한 가지 예를 소개하겠다.

파리 시민의 바스티유 감옥 습격이 도화선이 되어 10년에 이르는 프랑스 혁명이 일어났던 1789년, 혼란해지는 사회 속에서 화학사(化學史)의 금자탑이라고 할 만한 한 권의 책이 간행되었다.

라부아지에(A. L de Lavoisier, 1743~1794)에 의한 『화학 원론』이 그것이다(그림 3-2).

라부아지에는 「질량 보존의 법칙」과 산소의 발견자로서 알려

TABLEAU DES SUBSTANCES SIMPLES.

	NOMS NOUVEAUX.	NOMS ANCIENS CORRESPONDANTS.
Substances simples qui appartiennent aux trois règnes, et qu'on peut regarder comme les élémens des corps.	Lumière	Lumière.
	Calorique	Chaleur.
		Principe de la chaleur.
		Fluide igné.
		Feu.
		Matière du feu et de la chaleur.
	Oxygène	Air déphlogistiqué.
		Air empiréal.
		Air vital.
		Base de l'air vital.
	Azote	Gaz phlogistiqué.
		Mofette.
		Base de la mofette.
	Hydrogène	Gaz inflammable.
		Base du gaz inflammable.
Substances simples, non métalliques, oxydables et acidifiables.	Soufre	Soufre.
	Phosphore	Phosphore.
	Carbone	Charbon pur.
	Radical muriatique	Inconnu.
	Radical fluorique	Inconnu.
	Radical boracique	Inconnu.
Substances simples, métalliques, oxydables et acidifiables.	Antimoine	Antimoine.
	Argent	Argent.
	Arsenic	Arsenic.
	Bismuth	Bismuth.
	Cobalt	Cobalt.
	Cuivre	Cuivre.
	Étain	Étain.
	Fer	Fer.
	Manganèse	Manganèse.
	Mercure	Mercure.
	Molybdène	Molybdène.
	Nickel	Nickel.
	Or	Or.
	Platine	Platine.
	Plomb	Plomb.
	Tungstène	Tungstène.
	Zinc	Zinc.
Substances simples, salifiables, terreuses.	Chaux	Terre calcaire, chaux.
	Magnésie	Magnésie, base de sel d'Epsom.
	Baryte	Barote, terre pesante.
	Alumine	Argile, terre de l'alun, base de l'alun.
	Silice	Terre siliceuse, terre vitrifiable.

〈그림 3-2〉 라부아지에의 원소표. 첫머리에 빛(Lumière)이 원소로서 실려 있다. 화학 혁명의 주인공인 뉴턴의 영향을 벗어나지 못했다

지고, 거기서부터 원소를 단위로 하고 화학 현상을 실험에 바탕하여 이해하는 새로운 물질관을 확립한 화학자이다. 라부아지에를 중심으로 하여 시작된 이 같은 동향은 흔히 「화학 혁명」이라고 일컬어진다(기이하게도 프랑스에서는 정치상의 혁명과 자연과학의 혁명이 병행하여 진행되었던 셈이다).

그런데 『화학 원론』에는 당시에 알려져 있던 33종류의 원소가 표로 정리되어 실려 있는데, 그것을 보면 산소와 산소에 섞여서 첫 번째에 당당하게 '빛'이 등장하고 있는 것을 알게 된다. 즉 라부아지에는 빛도 자연계의 물질을 구성하는 원소─그것은 입자라고 한다─의 하나로 보았던 것이다.

근대화학의 위대한 창시자에게도 뉴턴의 입자설이 짙은 그림자를 드리우고 있었다는 것을 이 예에서 볼 수 있다.

4. 파동설 없이는 빛의 회절도 없다

이야기의 무대가 영국으로부터 프랑스로 옮겨졌는데, 빛의 파동설도 영의 실험 이후는 프랑스를 중심으로 전개되어 갔다.

우선 1818년, 파리 과학 아카데미가 공모한 현상 문제에 응모한 프레넬(A. J. Fresnel, 1788~1827)의 논문을 들 수 있다. 현상 문제의 내용은 「빛의 회절을 설명하는 이론을 완성하라」는 것이었다(「회절」이란 빛─일반적으로는 파동─이 장애물 뒤로 돌아드는 현상).

이미 여러 번에 걸쳐 언급했듯이 당시의 주류는 입자설이었다. 그래서 파리 과학 아카데미는 입자설에 바탕하는 회절이론(回折理論)을 완성시킨다면, 19세기로 들어와 일부에서 대두되고 있는 파동설을 분쇄하고, 입자설은 완벽한 것이 될 것이라고 생각했던 것이다.

그런데 사태는 뜻밖의 방향으로 전개되어 버렸다. 아카데미의 예상과는 반대로, 현상금을 획득한 것은 파동설을 들고나온 프레넬이었다.

프레넬은 영의 간섭 이론의 불충분했던 점을 수정하고, 회절현상을 일반적으로 기술하는 파동 이론을 제창했다. 그리고 그것이 또 실험에 의해 재현된다는 것을 훌륭하게 제시했던 것이다.

아카데미에게는 약간 아이러니컬한 결과가 되었지만, 이것으로 갑자기 파동설이 우위에 서게 되었다.

5. 푸코가 던진 결정타

이리하여 19세기는 파동설이 입자설을 누르는 듯한 추세가 되는데 파동설에 대한 최후의 결정타가 된 것은 1850년, 역시 프랑스의 물리학자 푸코(Léon. Foucault, 1819~1868)가 한 광속도의 측정이었다.

사실을 말하면 반사, 굴절, 간섭이라고 하는 빛과 관계가 깊은 현상은 파동설이나 입자설로도 나름대로 설명—다분히 현상론적인 설명의 범주를 벗어나지 못하는 경우도 많지만—은 된다. 따라서 좀처럼 흑백이 가려지지 않았다.

그런데 양자 사이에서 명확히 다른 점이 한 가지 있었다. 그것은 매질(이를테면 물) 속에서의 광속의 변화에 대해서 양자의 주장이 정면으로 대립하고 있는 점이다.

파동설에 따르면, 빛은 물에 들어가면 늦어지는데(광속은 매질의 굴절률에 반비례한다), 입자설에서는 반대로 빨라진다. 그래서 물속에서의 광속을 측정하면 어느 쪽이 옳은지 한눈에 확실해

〈그림 3-3〉 빛이 파동이라면 물속에서는 늦어지지만, 입자라면
반대로 빨라진다. 그 결과는?

진다는 것이다(그림 3-3).

그렇게 알고 있다면야 굳이 우회할 것도 없이 곧바로 설명하
면 될 것인데 하고 생각할지 모르지만, 실험실에서 광속을 정
밀하게 측정한다는 것은 매우 어려운 일이었다.

2장에서 말했듯이, 그것이 가능해진 것은 1849년에 있었던
피조의 실험이 처음이었다. 그리고 이듬해에 실시된 것이 푸코
의 실험이다.

푸코는 물탱크에 물을 가득히 채우고 그곳을 통과하는 빛을
고속으로 회전하는 거울로 반사시키는 방법을 이용하여, 물속
의 광속을 측정해 보았다. 결과는 과연 파동설이 예상했던 대
로 빛이 물속에서는 늦어진다는 것을 뚜렷이 가리키고 있었다.

이것으로 빛의 본성에 관한 그때까지의 논쟁에 종지부가 찍
히게 되었다. 그러나 이 문제는 반세기 후에 새로운 모습으로

부활하게 된다. 다시 파란이 일어나는 것이다.

6. 19세기의 물리학

어쨌든 19세기 중반에 빛은 파동이라는 사실이 밝혀졌다.

그러나 한마디로 파동이라고는 하지만 파동에는 여러 가지가 있다. 물가에 밀려오는 파동, 소리의 파동, 고체를 전파하는 탄성파, 기타의 현(弦)에서 생기는 정재파(定在波 : 동일한 진폭과 진동수를 갖고 있으며 서로 반대 방향으로 진행하는 두 개의 파동 조합) 등이다. 그렇게 되면 빛은 도대체 어떤 파동이냐 하는 문제가 새로이 발생한다.

그러나 새로운 문제를 안고 시대는 19세기 후반으로 돌입하는데, 여기서 빛의 이야기는 잠깐 쉬기로 하고, 당시의 물리학 전반의 특징에 대해 언급해 두기로 한다.

빛의 파동의 정체는 빛 자체의 연구가 아니라, 물리학의 다른 흐름―전자기학의 연구―가운데서 발견하게 되기 때문이다. 그리고 이 발견은 고전물리학의 완성을 상징하는 역사상 중요한 사건이 되었다.

또 물리학이라는 말 앞에 「고전」이라는 형용사를 붙인 의미를 참고로 설명해 두기로 한다.

음악이나 발레 등에도 고전이라는 말이 붙는 분야가 있다. 그것을 각각 구획하는 시대는 다르겠지만, 어쨌든 과거의 어느 한 시기에 발전하여 완결되어버린 예술의 세계가 존재한다. 그리고 그것들은 같은 음악이나 발레라 하더라도 현대의 작품과는 이질적인 인상을 준다.

비슷한 일이 물리학에도 적용된다.

  뉴턴 역학을 중심으로 하여 발전해 온 물리학은 19세기 말
에 일단 완결되었다. 그것은 주로 거시적(巨視的)인 자연 현상—
인간의 감각에 직접 호소하는 대상—을 다루는 체계였다.

  이것에 대해 20세기로 접어들자, 물리학은 미시적(微視的)인
현상, 또는 감각을 초월한 대상과 대결하게 된다. 그때까지와는
성질이 다른 이론 체계가 구축되고 새로운 물리학—구체적으로
는 양자 역학(量子力學)과 상대성 이론—의 탄생을 맞이한다.

  그래서 어느 정도 편의적이기는 하지만, 19세기에 완결된 체
계를「고전물리학」이라고 부르고 시대 구분을 하고 있는 것이다.

  이 같은 설명으로부터도 짐작이 가듯이, 19세기는 역학뿐만
아니라 물리학의 각 분야(광학, 열학, 전기, 자기 등)가 확립된 시
기였다. 즉 18세기에는 아직 단편적인 지식의 산만한 집합이라
는 범주를 벗어나지 못했던 각 분야가, 보조를 맞추기나 하듯
이 발전을 이룩하기 시작했다.

  그렇게 되자, 그때까지 여러 갈래로 제각기 흩어져서 다루어
지고 있던 현상 사이에도 서로 관련성이 있다는 것을 알게 되
었다. 그중에서도 전기와 자기의 밀접한 관련은 많은 과학자의
관심을 끌어 이윽고 둘은 전자기학이라고 하는 하나의 체계로
통일된다. 그리고 빛의 연구도 그 속에 흡수되어 간다.

빛이 발견한 새 원소

라부아지에가 『화학 원론』에서 당시에 알려져 있던 원소를 표로 정리한 일은 이미 설명했으나(〈그림 3-2〉 참고), 빛을 원소의 일종으로 간주하거나 화합물을 원소로 오인하는 잘못을 범하고 있었다(18세기 말이라는 시대를 생각한다면 부득이한 일이기는 하지만).

그런데 19세기로 접어들자, 새로운 실험 방법의 확립에 수반하여 새 원소가 연달아 발견된다. 이때에 위력을 발휘한 방법의 하나가 빛의 스펙트럼 분석이다.

시료를 가스 버너의 불길로 연소시켜 거기서 나오는 빛을 프리즘으로 나누면, 시료에 포함되는 원소에 고유한 색채의 띠—이것을 스펙트럼이라고 한다—가 나타난다. 즉 스펙트럼을 분석하여 원소를 분류하는 것이다.

이것으로 세슘, 루비듐을 포함한 많은 원소가 발견되었다. 빛은 미발견의 원소의 존재에도 '빛'을 쬐었던 것이다.

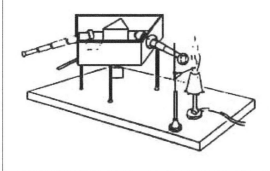

58

7. 전자기학의 시초

먼저 그 도화선에 불을 댕긴 것은 덴마크의 외르스테드(H. C. Oersted, 1777~1851)이다.

1820년, 외르스테드는 자침(磁針)에 평행으로 둔 도선에 전류를 통과시키면 자침이 직각으로 진동한다는 것을 알았다. 여기서부터 전기와 자기를 결부하는 현상이 처음으로 발견되었다.

이때 마침 덴마크를 여행 중이던 프랑스의 물리학자 아라고 (D. F. J. Arago, 1786~1853)는 귀국하자 곧 파리 과학 아카데미에 이 중대 뉴스를 보고했다.

이것을 받아들여 전류에 자기 작용(磁氣作用)이 있다—즉 자석의 구실을 한다—고 한다면, 전류끼리 사이에도 힘이 작용하는 것이 아닐까 하고 생각한 사람이 앙페르(A. M. Ampere, 1775~ 1836)이다.

앙페르는 곧 평행으로 둔 두 가닥의 도선에 전류를 통과시켜 자기의 예상이 옳다는 것을 확인했다[전류가 같은 방향일 때는 인력, 반대 방향일 때는 척력(반발력)이 된다]. 아라고의 보고를 들은 지 불과 1주일 동안의 일이었다.

그리고 그 직후, 프랑스의 비오(J. B. Biot, 1774~1862)와 사바르(F. Savait, 1791~1841)가 전류의 자기 작용을 수학적으로 표현하는 데에 성공했다. 또 아라고에 의한 전자석의 발명도 이와 전후하여 이루어졌다.

이같이 한 가지 발견에 촉발된 형태로서 단시간에 역사에 남을 연구가 잇달아 발표되었던 것이다. 거기에는 시대의 추세라는 것이 느껴지기도 한다.

8. 패러데이와 「콜럼버스의 달걀」

그런데 전류에 자기 작용이 있다면 반대로 자기 작용에 의해 전류를 유도할 수도 있지 않을까 생각하고 싶어진다. 자연은 일방통행보다는 어떠한 형태로서 대칭성을 나타내는 일이 많기 때문이다.

그러나 기대에 반하여 자기에서 전기의 변환은 좀처럼 발견되지 않았다. 여러 가지 시행착오―그것은 바로 이 말이 딱 들어맞을 만큼 닥치는 대로―가 계속되었으나 검류계의 바늘은 미동조차 하지 않았다.

그렇다면 애당초 어떤 시도가 행해졌었느냐고 하면, 공통적으로 말할 수 있는 것은 자석과 코일을 「정지시킨 채로」 시험하고 있었다는 점이다. 이래서야 자석이나 코일을 아무리 개량한들 전류는 발생하지 않는다(물론 이것은 나중에야 알게 된 일이지만).

이 문제가 해결된 것은 1831년, 영국의 패러데이(M. Faraday, 1791~1867)에 의해서이다. 패러데이는 막대자석을 코일에 접근시키거나 멀리 떼어놓거나 하면―즉 자석을 움직여 주면―코일에 전류가 흐른다는 것을 알았다(그림 3-4).

무슨 일이든지 알고 나면 「콜럼버스의 달걀」이지만, 패러데이의 끈질긴 노력과 실험가로서의 센스가 이 발견을 이끌어 낸 것이라고 할 수 있다.

이리하여 전기와 자기의 대칭적인 상호 변환이 밝혀지고, 둘을 통일적으로 다루는 이론을 구축하는 발판이 만들어졌다.

60

〈그림 3-4〉 패러데이의 전자기 유도 실험

9. 빛은 전자기파

패러데이가 19세기를 대표하는 실험가—전자기 유도 외에 기체
의 액화, 벤젠의 발견, 전기 분해, 진공 방전의 실험 등에서도 빛나는
업적을 남겼다—라고 하면, 다음에 등장하는 맥스웰(J. C.
Maxwell, 1832~1879)은 모름지기 19세기를 대표하는 이론가라
고 할 수 있다.

맥스웰은 그때까지 실험에 의해 밝혀진 전기, 자기의 현상에
주목하고, 그들의 상호 관계를 일반적으로 기술하는 이론을 완
성시켰다.

전자기에 관한 이야기가 꽤 길어졌는데—머지않아 거기서부터
빛의 정체가 드러날 것이므로 잠깐 동안 참아주기 바란다—마지막으
로 맥스웰 이론을 요약하여 소개해 둔다.

앞에서 전류에는 자기 작용이 있다고 말했다. 그런데 전류 대
신 전기장(전기적인 작용이 작용하는 공간)이 시간적으로 변화하는
경우도 마찬가지의 자기 작용이 있다는 사실이 알려져 있었다.

이를테면 콘덴서의 충전을 생각해 보자. 충전이 진행됨에 따
라서 극판 사이의 전기장이 변화해 가는데, 이때 전기장 주위
에는 자기장(자기적인 작용이 작용하는 공간)이 발생한다. 극판 사
이에 실제로 전류가 흐르고 있는 것은 아니지만, 전기장의 시
간적 변화는 전류와 동등한 효과를 갖기 때문에 이것을 「변위
전류(變位電流)」라고 부르고 있다(그림 3-5).

그런데 전기장과 자기장을 이것과 반대로 한 현상이 패러데
이가 발견한 전자기 유도라고 하는 것은 이미 이해하고 있을
것이다. 즉 지금과 같은 표현을 사용한다면, 자기장의 시간적
변화가 전기장을 발생하는 것이 된다.

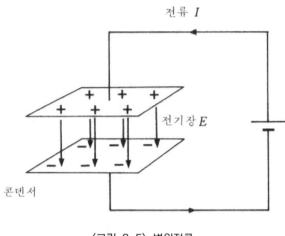

전류 I

전기장 E

콘덴서

〈그림 3-5〉 변위전류

그래서 이 두 가지 대응 관계(〈그림 3-6〉 위)를 조합해 보면, 전기장과 자기장이 서로 근원이 되어서 교대로 상대를 발생시키고 있다는 것을 알 수 있다.

이 책의 성격상 여기서는 문장으로서만 설명해 왔으나, 맥스웰은 이러한 전기장과 자기장의 상호 관계를 미분방정식으로 나타내 보았다. 그리고 이 방정식을 해석하여, 전기장과 자기장이 교대로 발생되어 가는 상태를 조사했던 것이다.

그러자 어떻게 되었을까? 이야기는 이쯤부터 재미있어지는데 전기장과 자기장에 관한 파동방정식(波動方程式)이 나타났던 것이다. 바꾸어 말하면 두 개의 장(場)의 진동이 공간(진공 속)을 전파해 간다는 것이 제시되었다. 이것이 「전자기파(電磁氣波)」이다.

그리고 여기가 3장의 클라이맥스가 되는데, 전자기파의 속도(진공 속)는 광속과 딱 들어맞았던 것이다!

이것은 우연의 일치가 아니었다. 맥스웰은 자신이 체계화한

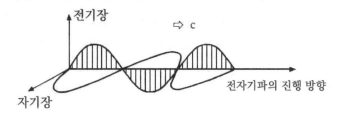

① 전기장의 시간적 변화 ⇨ 자기장의 발생

⇨ 전자기파

② 자기장의 시간적 변화 ⇨ 전기장의 발생

〈그림 3-6〉 전기장과 자기장은 번갈아가면서 상대를 발생시킨다.
아래 그림은 전자기파

이론에 바탕하여, 빛과 전자기파의 성질을 비교하여 최종적으로 「빛은 곧 전자기파다」라는 결론에 도달했다. 1871년의 일이었다.

10. 자연은 수학의 말로써 쓰인 책

여기서 잠시 필자의 개인적인 추억을 말하는 것을 양해해 주기 바란다. 학생 시절 전자기학 연습 시간에 맥스웰의 방정식을 해석하여 전자기파를 기술하는 파동방정식을 유도했던 경험이 있다.

이것은 미분방정식의 초보적 지식만 있으면 할 수 있는 그리 어려운 문제는 아니지만 초급자에게는 물리적인 의미를 소화할 만한 여유가 없었기에, 어쨌든 방정식을 해석하는 일에 필사적이었다.

그런데 식의 전개에 얼마만큼 시간이 걸렸는지는 잊어버렸지

64

만 문득 정신이 들고 본즉, 말끔한 형태의 전자기장의 파동방정식이 눈앞에 있었다.

터널 속을 정신없이 달려가다가 갑자기 환한 출구가 보인 듯하여 무척이나 기뻤던 일을 생생하게 기억하고 있다. 답을 알고 있는 연습 문제가 풀렸을 정도로도 그러했으니까, 처음으로 중대한 발견을 한 맥스웰의 감격이란 굉장했을 것이라는 생각이 든다.

어쨌든 맥스웰이 전기장과 자기장에 관한 방정식을 확립했을 때, 이미 그 속에 전자기파의 존재가 숨겨져 있었던 것이다.

「자연은 수학의 말로 쓰인 책이다」라는 말은 갈릴레이가 남긴 유명한 말이지만, 맥스웰의 방정식을 보노라면 이 명언이 지니는 함축성의 깊이가 새삼 느껴지는 듯하다.

11. 다시 광속도에 대하여

필자의 추억은 어쨌든 간에, 이리하여 19세기 후반 맥스웰에 의해서 전자기학의 이론이 수립되었다. 그것은 뉴턴 역학에 필적할 만한 체계이며, 이 둘을 골격으로 삼아 고전물리학은 완성되었다.

또 맥스웰이 이끈 전자기파가 실제로 존재한다는 것은 1888년, 독일의 헤르츠(H. R. Hertz, 1857~1894)의 실험에 의해서 증명되고, 그 전파 속도가 광속과 같다는 것도 확인되었다.

그러므로 19세기는 빛의 본성을 추구하는 세기였다고도 말할 수 있다. 그리고 그 결정적인 수단이 모두 광속이었다고 하는 사실은 매우 흥미로운 일이다. 파동설에 승리를 안겨 준 푸코의 실험이 그러했고, 파동의 정체가 전자기파라고 하는 것을 제시한 맥스웰의 이론의 경우 또한 그러했다.

광속이 이토록 중요한—특히 전자기학의 확립에 공헌한—역할을 잇달아 수행하게 되자 광속은 예사로운 속도가 아니라, 자연 속에서 어떤 특별한 존재일지도 모른다는 생각이 들게 된다.

이 「특별한 존재일지도 모른다」는 생각이 이윽고 상대성 이론으로 이어져 가는 것이다.

4장
상대성 이론과 빛의 속도

1. 아인슈타인 소년의 패러독스

아인슈타인(A. Einstein, 1879~1955)은 죽기 직전(1955) 16세에 다음과 같은 패러독스를 착상했더라는 회상을 남겨놓고 있다.

「그 패러독스는 광선의 빔을(진공 속의) 광속도 c로 추적하면, 그 광선의 빔이 정지한 공간적으로 진동하는 전자기장으로서 보일 것이라고 하는 것이었다.

그러나 경험에 의해서라도, 맥스웰의 이론에 의해서도 그런 일이 일어나리라고는 생각되지 않았다…. 이 패러독스 속에 특수 상대성 이론이 이미 싹트고 있었다는 것을 알 수 있다.」

(아인슈타인 『자서전 노트』)

이것을 읽으면 「빛의 속도로 빛을 추적하면 어떻게 보일까?」라는 소년의 소박한 의문이 상대성 이론을 낳게 한 원인이 되었다는 것을 알 수 있다. 즉 여기서도 광속도가 중요한 열쇠가 되는 것이다.

참고로, 아인슈타인은 1879년생이므로 16세라고 하면 1895년이 된다. 상대성 이론의 첫 논문은 그로부터 꼭 10년 후인 1905년에 발표되었다.

그런데 방금 인용했듯이, 위대한 과학자가 만년에 와서 젊었던 시절을 되돌아보고, 대발견에 얽힌 추억을 그립게 회상하는 일은 흔히 있는 일이다. 거기에는 논문이나 저서로부터는 알 수 없는 천재의 사고 과정을 엿볼 수가 있다.

여기서 연상되는 일이 「사과가 떨어지는 것을 보고 만유인력을 발견했다」고 하는 그 유명한 뉴턴의 에피소드이다.

이 에피소드도 죽기 전해(1726)에 뉴턴이 왕립협회 회원인

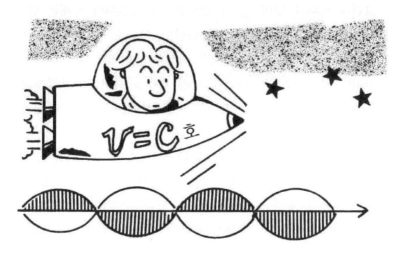

〈그림 4-1〉 광속으로 빛을 추적하면 어떻게 보일까?

스터클리(W. Stukely)를 상대로, 60년 전의 일을 회상한 이야기가 바탕이 되어 있다. 사과의 낙하를 계기로 뉴턴의 사고는 지구와 달, 나아가서는 태양과 행성 사이에 작용하는 힘으로 발전하여 만유인력의 법칙이 발견된다.

이야기를 다시 아인슈타인 소년의 패러독스로 되돌리면, 이것이 빛이 아니라—이를테면 자동차로 바꾸어 놓고 보면—별로 패러독스도 아무것도 아닌 이야기가 되어 버린다.

앞쪽을 달려가고 있는 차를 같은 속도로 쫓아가면 그 차는 속도의 크기와 관계없이 정지하여 보인다(추적자 측에서 보아, 차의 상대 속도는 제로가 된다). 혹은 두 대의 전차가 같은 속도로 평행으로 달려가고 있을 때, 서로는 상대방이 정지해 있는 듯이 보인다. 이런 일은 우리가 일상적으로 흔히 경험하는 일로서 별로 이상할 것이 없다.

그런데 상대가 빛이 될 것 같으면, 그 순간부터 사태는 단순하지 않게 된다. 확실히 아인슈타인이 어렸을 때 지적했던 대로 「정지된 빛」이라고 하는 것은 상상하기 어렵다.

하지만 불과 16세의 나이에 이런 의문을 품고 또 그것을 온전하게 대이론으로 발전시켜 나간 비범함에는 새삼 감탄을 금할 수 없다.

어쨌든 아인슈타인 소년의 패러독스는 차나 전차와는 달리, 광속도가 어떤 특별한 물리적 의미를 지니고 있는 것이 아닐까 하는 질문을 던져주고 있음을 알 수 있다. 그것이 본인의 말(앞에서 든 인용문)을 빌면, 「특수 상대성 이론의 싹」에 해당할 것이다.

그래서 4장에서는 광속도를 키워드로 하여 상대성 이론의 확립을 살펴보려 하는데, 그에 앞서 「속도」라고 하는 물리량에 대해서 약간 학습해 두기로 하자.

2. 기준이 바뀌면 속도도 바뀐다

우선 주의해 둘 일은, 속도란 「무엇에 대해서」라고 하는 기준(관측자)을 정하고 나서야 비로소 의미를 갖는 상대적인 개념이라는 점이다.

이를테면 지면에 서 있을 때 우리는 자신이 정지해 있다. 즉 속도가 제로라고 생각하고 있다. 그러나 엄밀하게 말해서 이것은 지면에 대해서만 정지해 있는 데에 지나지 않는다.

가령 서 있는 장소를 적도 위라고 하면, 지구의 중심에 있는 사람으로부터 보면, 우리는 초속 464m라고 하는 초음속 제트기 정도의 맹렬한 속도로 지축 위를 회전하고 있는 것이 된다.

〈그림 4-2〉 속도란 상대적인 것이다

　또 지구의 공전 속도는 초속 약 30㎞이므로, 태양에 있는 사람이 본다면 우리도 그 속도로 커다란 원운동(圓運動)을 하고 있는 것이 된다(물론 실제로 지구의 중심이나 태양으로 갈 수 있는 것은 아니지만, 기준을 그곳에다 설정한다면, 방금 말한 속도가 될 것이라는 것은 이해할 수 있으리라).

　이같이 기준을 바꾸면 속도는 얼마든지 변화하는 것이다.

　똑같은 일은 앞 절에서 예로 든 자동차나 전차의 운동에 대해서도 말할 수 있다. 이 이상의 설명은 필요하지 않을 것으로 생각하지만, 자동차나 전차의 속도도 지면을 기준으로 한 표시이다. 쫓아가거나 스쳐가는 운동을 하고 있는 사람으로부터 본다면 속도는 역시 변화하는 것이다.

그렇다면 빛의 속도 c가 초속 약 30만 ㎞가 되는 것은 도대체 무엇을 기준으로 했을 경우의 이야기일까? 지면일까? 지구의 중심일까? 태양일까? 아니면 전혀 다른 무엇일까?

3. 광속의 기준은 에테르?

광속 c의 기준이 지구라고 한다면 이렇게 고마운 일은 없겠지만, 19세기 후반에 이르러서는 새삼 자기들을 중심으로 한 우주관을 제창하는 사람도 없었다. 이렇게 된다면 형태를 바꾸어 놓은 천동설(지구 중심설)의 부활이 되어 버리기 때문이다(코페르니쿠스도 아마 깜짝 놀랄 것이 틀림없다).

역시 우주 가운데서 가장 보편적인 무엇이 광속의 기준이라 생각하는 것이 자연스러울 것이다.

거기서 등장하는 것이 우주 전체의 중심이다. 우주의 중심은 진정한 의미로, 움직이지 않는(절대정지) 유일한 점일 것이므로 이보다 나은 기준이란 있을 수가 없다. 따라서 이 점을 원점으로 하는 좌표계—이것을 「절대공간」이라고 한다—를 설정한다면, 이 우주에 생기는 운동을 가장 보편적으로 기술할 수 있게 된다(물론 그런 것이 있다면 말이다).

즉 절대공간에서 측정했을 때의 빛의 속도가 초속 30만 ㎞인 것이다.

그런데 속도의 기준은 그것으로 좋다고 치더라도 또 하나 중요한 문제가 있었다. 그것은 빛이 파동인 이상, 파동을 전파하는 매질이 무언가 존재할 것이라고 생각되는 점이다. 그래서 도입된 것이 우주의 중심에 대해 정지해 있는 「에테르(Ether)」라고 하는 이름의 가상 매질이다.

마치 공기 속을 음파가 전파하듯이, 우주에 가득 찬 에테르의 진동이 빛으로 되어 전파하는 것이라고 가정하고 있었다. 먼 곳에 있는 별의 깜박임이 보이는 것도, 별과 지구 사이에 에테르가 있기 때문이라고 하는 것이다.

이상의 내용을 정리하면, 다음과 같은 이미지가 떠오른다.

우주를 감싸고 있는 절대공간이라고 하는 거대한 용기―이 용기가 어떤 형태를 하고 있는가 따위의 쓸데없는 생각은 하지 않기로 하고―에 에테르라고 하는 매질이 균질하게 채워져 있고, 그 진동이 초속 30만 ㎞의 빛의 파동이 되어서 전파하고 있는 것이다.

4. 에테르의 존재는 상황 증거뿐

이 정지 에테르 가설은 그럴듯하게 들리기는 하지만, 물리학에서 인지되기 위해서는 실험으로 그 존재가 검출되지 않으면 안 된다(그림 4-3).

그것은 이론상으로는 나름대로 어떤 현상을 설명할 수 있어도, 최종적으로는 부정된 가설이 역사상에는 얼마든지 있기 때문이다.

이를테면 18세기의 화학자는 「플로지스톤(Phlogiston)」이라고 불리는 가상 입자를 상정하여 연소현상(燃燒現象)을 해석하고 있었다. 타기 쉬운 물질에는 대량의 플로지스톤이 함유되어 있고, 연소란 이 플로지스톤이 물질로부터 탈출하는 과정이라고 생각했던 것이다.

아주 비슷한 예로서 열현상(熱現象) 이론에 도입된 「칼로릭(Calolic, 熱素) 가설」이 있다. 뜨거운 물체는 그만큼 다량의 칼로릭을 함유하고, 열전도도 칼로릭의 흐름이라고 보았던 것이다.

〈그림 4-3〉 정지 에테르가 있으면 광속도가 초속 30만 ㎞인 것을
설명할 수 있는데 그 에테르는 과연 어디에 있을까?

　두 가설이 모두 상당히 오랫동안 화학과 열학의 기본 이론으
로서 지지를 받아, 당시로서는 훌륭하게 각각의 현상을 설명할
수 있었던 것을 알 수 있다.

　그러나 결국은 그 어느 쪽도 실제로 확인할 수 없는 채로 연
소는 급격한 산소와의 결합―이것을 밝힌 것은 2장에 등장했던 라
부아지에―으로, 또 열은 물질을 구성하는 입자의 운동으로 치
환되었다. 이리하여 세상을 풍미했던 플로지스톤과 칼로릭은
과학의 세계로부터 그 모습을 감추어 버렸다.

　그렇다면 에테르는 어떻게 되었을까?

　이쪽도 최종적으로는 물리학의 역사로부터 매장되는 운명에
놓였지만, 그렇다고 해서 그렇게 단순하게 사라져 버린 것은

아니었다. 즉 한 번은 그 검출에 성공했다는, 모두가 믿을 만한 실험이 보고되었기 때문이다. 그것은 1888년에 있었던 헤르츠의 실험이었다.

3장에서 언급했듯이 헤르츠는 맥스웰이 예언한 전자기파를 검출한 셈이었는데, 그것은 동시에 에테르를 포획한 것이라고도 간주하였던 것이다.

여기서 다시 음파와의 유추를 사용한다면, 소리가 들린다고 하는 것은 그 매질인 공기의 존재를 가리키는 것과 같은 의미를 지닌다. 공기가 없는 달 위에서 아무리 큰 소리를 지른들 상대에게는 아무것도 들리지 않는다.

또 물가에 파도가 밀려오는 것은 해수(海水)가 있기 때문이다. 물이 없으면 파도도 존재하지 않는다.

그래서 전자기파가 발견되었다는 뉴스는 그대로 에테르의 존재로 증명되었다. 즉 에테르는 이미 가설이 아니라 물리적인 실재(實在)라고 간주하기에 이르렀던 것이다.

1888년 9월 6일호의 과학지 『네이처(Nature)』를 보면, 영국 과학진흥협회의 강연에서 피츠제럴드(G. F. Fitzgerald, 1851~1901) 가 다음과 같이 단언하고 있는 것이 눈에 띈다.

「1888년은 독일의 헤르츠가 전자기 작용은 매질의 개재에 의해서 발생한다는 것을 실험으로 제시한 기념할 만한 해다.」

그런데 기념해야 할 해라고 말한 것은 좋다고 하더라도, 파동을 전파하는 매질이 존재한다면 매질 속을 물질이 운동할 때는 어떤 영향이 발생하는 것이 아닐까?

오픈카로 달려가면 얼굴에 바람을 맞을 것이고, 비행기 정도의 속도가 될 것 같으면 공기와의 마찰이나 저항도 꽤나 커진다. 이것은 물속에서의 운동을 생각해도 같은 말을 할 수 있다.

그런데 이런 점에 관해서 에테르는 전혀 존재한다는 느낌이 없다. 지구도 다른 천체도 아무런 저항을 느끼지 않고 에테르 속을 휙휙 통과해버리기 때문이다. 그렇게 생각하면 에테르는 빛을 전파하는 이외는 거의 그 존재를 나타내려 하지 않는 기묘한 물질이 되고 만다.

그래서 19세기 말부터 20세기 초에 걸쳐서 어떻게든지 에테르의 기묘성을 설명하려는 이론의 확립이 시도되었다. 그러나 얼마 후 역사는 갑자기 전혀 엉뚱한 방향으로 진행하게 된다.

5. 아인슈타인도 에테르의 존재를 믿고 있었다

물리학이 이런 상황에 처해 있을 때, 아인슈타인은 무엇을 하고 있었을까?

아인슈타인은 1896년(17세)에 취리히의 연방 공과대학에 입학하여 본격적으로 물리학을 공부하기 시작한다. 그리고 당시 활발하게 논의되고 있던 에테르의 문제에도 많은 관심을 쏟고 있었다.

이 무렵의 상황은 1922년에 그가 일본 교토(京都)대학에서 연설한 「어떻게 해서 나는 상대성 이론을 만들었는가?」라는 제목의 아인슈타인 자신의 강연으로부터 그 일부를 엿볼 수 있다.

아인슈타인은 그 강연에서 학생 시절의 추억을 다음과 같이 말하고 있다.

「빛은 에테르의 바다 속을 투과하여 전파해 갑니다. 그리고 이 에테르 속을 역시 지구가 움직이고 있습니다. 만약 지구에 서 본다면 에테르는 이것에 대해서 흐르고 있습니다. 하지만 이 에테르의 흐름을 명확하게 우리에게 실증해 주는 사실을, 나는 물리학의 문헌 가운데에서는 하나도 발견할 수 없었습니다.

그래서 나는 어떻게 해서든지 이 에테르의 지구에 대한 흐름, 즉 지구의 운동을 실증해 보고 싶다고 생각했습니다. 나는 당시 이 문제를 마음에 품었을 때, 에테르의 존재와 지구의 운동을 결코 의심하지 않았던 것입니다」

인용이 좀 길어졌지만, 당시의 물리학의 상식이었던 에테르의 실재는 이때는 아직 아인슈타인도 믿어 의심하지 않았다는 것을 알 수 있다.

우리는 종종 발표된 논문이나 완성된 연구에만 주목하기 쉬운데, 4장의 서두에서도 말했듯이 거기에 이르기까지의 천재의 사고 과정에 눈을 돌려보면 그들의 다른 일면이 떠오른다.

1987년 5월, 프린스턴대학 출판부에서 『아인슈타인 전집』 제1권이 간행되어 많은 연구자의 관심을 모으고 있다.

그 속에는 첫 번째 부인인 마리취(M. Maritch)—그녀는 취리히 공과대학의 동급생이기도 했다—에게 보낸 아인슈타인의 미공개 서한이 많이 수록되어 있기 때문이다.

수록된 편지는 학생 시절부터 대학을 졸업한 직후에 걸쳐서 쓰인 것으로, 그 편지로부터도 아인슈타인이 당시 에테르 문제와 진지하게 씨름하고 있었던 것을 엿볼 수 있다.

그러나 곧 아인슈타인의 머릿속에서는 에테르의 실재성이 급속히 옅어지고, 이윽고 완전히 부정된다. 대신 1905년의 특수 상대성 이론의 첫 논문 「운동 물체의 전기 역학에 대하여」가 독일의 과학 잡지 『아날렌 데르 피지크(Annalen der physik)』에 발표된다.

아인슈타인의 생각이 왜, 어떤 형태로 방금 말한 것과 같은 변천을 이룩하게 되었는지는 『아인슈타인 전집』의 간행을 계기로 앞으로 있을 자세한 연구를 기다려야 하겠지만, 어쨌든 16세 때 머리를 스쳐 간 「빛의 패러독스」가 항상 사고의 저류에 있었다는 것은 본인의 회상으로부터도 명백하다.

그리고 패러독스에 있었던 광속도에 대한 관심은 전자기학의 법칙을 전혀 새로운 관점에서부터 파악하는 길로 이끌었다.

6. 광속도의 특이성

여기서 다시 「광속도와 자동차나 전차의 속도, 또는 지구의 공전 속도와의 차이가 무엇이냐?」라고 하는 질문을 던져 보기로 하자(표 4-1).

우선 되돌아올 답은 속도의 크기가 엄청나게 다르다는 점일 것이다.

빛으로부터 보면, 다른 운동은 모두 민달팽이가 기어가듯 느린 것이 될 것이다. 어쨌든 빛이 단연 빠르다는 것은 잘 알고 있다.

그러나 차이는 이뿐일까? 즉 광속도와 다른 물체의 속도에는 양적인 차이밖에 존재하지 않는 것일까?

만약 그렇다고 한다면, 19세기 말 에테르에 의해서 휩쓸렸던 혼란으로부터 물리학은 빠져나올 수 없었을 것이다.

양적인 차이가 존재한다는 것은 새삼 강조할 필요도 없는 일이지만, 그 차가 인간의 감각을 초월하는 크기가 된다면, 우리의 직감이나 상식으로는 이해할 수 없는―그때까지 물리학이 깨닫지 못했던―질적인 차이도 한편에서는 엄연히 존재하는 것

〈표 4-1〉 광속도를 다른 물체와 비교한다면?

	속도	광속과의 비
빛	300,000km/초	1
지구의 공전	30km/초	약 1만 분의 1
아폴로 우주선	11km/초	약 10만 분의 4
초음속 비행기	0.68km/초(마하2)	약 100만 분의 2
신칸센(일본 고속 철도)	0.06km/초(시속 200km)	약 1,000만 분의 2
투수의 공	0.4km/초(시속 150km)	약 1,000만 분의 1
칼 루이스(미국 육상선수)	0.01km/초	약 1억 분의 3

이다.

우리는 「눈으로 볼 수 없는 속도」라는 표현을 자주 사용하는데, 그렇기 때문에 인간은 광속도의 특이성에 착안할 수 없었던 것이라고도 말할 수 있다.

이 특이성이란 다음에서 말하는 아인슈타인의 「광속도 불변의 원리」이다. 아인슈타인은 이 원리를 하나의 실마리로 삼아서 에테르의 안갯속을 방황하고 있던 물리학에 올바른 진로를 제시했다.

7. 광속도는 항상 일정하다!

아인슈타인이 착안한 것은 광속 c가 관계되는 전자기학의 법칙이 성립하는 방법이었다.

3장에서 말했듯이 맥스웰은 전기와 자기의 현상을 수학적으로 기술하고, 둘을 통일적으로 다루는 기본 이론을 확립했다.

또 그 귀결로서 빛(전자기파)이 진공 속을 c로 전파한다는 사실을 이끌었던 것이다. 즉 전자기학의 법칙 가운데는 광속 c라

〈그림 4-4〉 '광속도 불변의 원리'는 에테르의 안개를 몰아낸다

고 하는 고유의 값이 포함되어 있는 것이 된다.

그런데 광속 c는 우주의 무게중심(또는 그것에 대해 정지해 있는 에테르)을 기준으로 한 속도였다. 그것은 에테르에 대한 운동의 방법에 따라서 빛의 속도가 달라 보이는 것이 된다. 즉 같은 자동차라도 추적하는 차에서 보는 것과 마주 오는 차에서 보는 것에서 속도가 달라지는 것과 같은 이치이다.

얼핏 보기에는 당연한 일인 것 같지만, 아인슈타인은 여기에 의문을 품었다. 빛의 속도가 관측자의 운동 상태에 따라서 결정된다고 한다면, 그것을 포함하는 전자기학의 법칙도 필연적으로 관측자마다 달라지는 것이다.

모름지기 물리 법칙이라고 하는 것은 보는 사람의 나이나 성별, 인종, 사상, 운동 방법 등과는 상관없이 항상 마찬가지로 성립되어야 하는 것이다. 그만한 보편성이 갖추어져 있을 것이다.

따라서 관측자의 운동 상태에 따라 성립이 구구하다면 물리학의 법칙으로서의 체제를 갖추지 못한 것이 된다.

이러한 모순에 착안한 아인슈타인은 「광속도는 광원이나 관측자의 운동 상태에 의하지 않고 항상 일정하다」(광속도 불변의 원리)라고 하는 대담한 요청을 했던 것이다.

이 원리에 따르면, 속도라고는 하지만 광속 c는 우리가 이해해 온 보통의 속도가 아니라, 물리 법칙 속에 짜넣어진 「보편 상수(普遍常數)」가 된다는 것을 알 수 있다.

광속에 대한 이 같은 파악은 인간의 직감과는 큰 차이를 낳게 하지만, 물리 법칙이란 이러해야 한다고 하는 아인슈타인의 강한 신념이 광속도 불변의 원리를 이끌었을 것이다.

확실히 그런 말을 듣고 보면 물리 법칙 속에 고유한 c라는 값이 얼굴을 내미는 것 자체부터가 이상하다면 이상한 것이었다. 가령 이런 것이 허용될 수 있다면 c 대신 지구의 공전 속도나 아폴로 우주선의 속도, 혹은 칼 루이스(C. Louis)가 달려가는 속도 등이 법칙 속에 등장해도 무방해져 버린다. 비유치고는 좀 극단적이기는 하지만 오히려 극단적인 편이 아인슈타인의 주장을 이해하기 쉬울 것이라고 생각한다.

그런데 그것이 이상하지 않았던 것은 c가 다른 여러 가지 속도와는 엄연히 선을 긋는 「불변의 원리」를 갖춘 특별한 존재이기 때문이다.

그렇다면 이 같은 광속도 불변의 원리를 확립하면, 이제는 c의 기준으로서 상정하고 있던 우주의 중심도, 정지 에테르도 일체 불필요하게 된다. 바꾸어 말하면 물리 실험을 아무리 연구해 가더라도, 우주의 중심이나 에테르의 존재를 확인할 수는 없는 것이다.

이리하여 1905년을 경계로 해서 에테르의 '안개'는 물리학의
세계로부터 자취를 감추어 버렸다.

8. 어떤 것도 광속의 벽을 넘지 못한다

상대성 이론에서의 광속에 대한 또 하나의 중요한 결론은,
그것이 모든 속도의 상한으로 되어 있다는 것이다.

즉 어떤 적당한 입자에 에너지를 투입하여 속도의 증가를 꾀
해도 광속의 벽을 절대로 넘지 못한다. 에너지를 더욱 증가시
키면 어떻게 되지 않을까 생각하고 싶지만 그것이 불가능하다.

이를테면 가속기 속에서 전자(電子)를 달리게 할 경우를 생각
해 보자.

가속에 투입되는 에너지 E가 낮은 동안은 E를 크게 하는 데
따라서 전자의 속도 v도 순조롭게 증가해 가지만, 이윽고 v가
증가하는 상태가 둔해지기 시작한다. 다시 에너지 E를 높여도
전자의 속도 v는 광속 c를 앞에 둔 채 제자리걸음 상태가 되어
속도는 거의 늘어나지 않게 된다.

요컨대 에너지를 아무리 쏟아 넣어도 그 노력은 전자의 속도
를 높이는 것과는 연결되지 않는다.

그렇다면 공급한 에너지는 무엇에 사용되느냐고 하면, 전자
의 질량을 증가시키는 데에 소비되어 버린다. 속도가 높아질수
록 에너지는 질량의 증가에 먹히고 마는 것이다(그림 4-5).

이리하여 전자(보통 입자)에 있어 광속 c는 속도의 극한값—
무한히 접근할 수는 있지만 거기에 도달할 수는 없는 값—으로 되어
있다.

여기서 이야기가 갑자기 달라지지만, 올림픽의 인기 종목에

〈그림 4-5〉 빨리 달려 갈수록 체중이 늘어난다…

체조가 있다. 알다시피 이 경기는 10점 만점으로 다툰다. 그러
나 실제의 경기에서 10점이 나오는 일은 10년 전만 해도 통
볼 수 없었다. 아무리 훌륭한 연기를 해도 인간인 이상 어딘가
결점이 있다. 따라서 10점은 완벽을 겨냥하여 연습에 정진하는
선수들의 영원한 목표였다.

  그런 만큼 루마니아의 코마네치(N. Comaneci, 1962~) 선수
가 어김없이 10점 만점을 받았을 때는 굉장한 화젯거리가 되었
다. 그것이 1984년의 로스앤젤레스 올림픽이 되자 10점 만점
이 마구 속출하여, 말하자면 인플레 상태가 나타났다.

  물론 각국 선수의 기술이 향상한 것은 사실이지만, 너무 안
이하게 만점을 연발하게 되면 감격도 줄어들기 마련이다. 10점
은 역시 무한한 접근을 겨냥하는 '궁극의 목표'로서 남겨두는
편이 좋지 않을까?

  그런 점에서 자연은 결코 안이한 타협을 하지 않는다. 광속
c는 속도의 극한으로서 엄연히 존재하기 때문이다.

84

그런데 그렇게 되면 이미 알아챈 독자도 있겠지만, 광속에 접근했을 경우 우리가 경험적으로 알고 있는 「속도의 합성 법칙」은 당연하게 성립하지 않게 된다.

이를테면, 지상의 관측자 A에 대해 0.9c로 날고 있는 로켓으로부터 앞쪽에 역시 0.9c의 속도로 공을 던져도(A로부터 보아서) 공의 속도는 0.9c+0.9c=1.8c가 되지 않는다(0.9947c에서 끝난다).

이것을 일반적으로 나타내면, A에서 보아 속도 v의 로켓으로부터 속도 u로 공을 던져도, 공의 합성 속도 V는 v+u가 되지 않는 것이다.

그러면 어떻게 되느냐고 하면—결과만을 소개하지만—〈그림 4-6〉의 흑판에 아인슈타인이 쓴 식처럼 되어 버린다.

그러나 이것은 뉴턴 역학—그것은 바로 우리의 감각에 합치하는 「속도의 합성 법칙」이지만—이 틀렸다고 하는 의미는 아니다.

광속 c에 비해서 훨씬 느린 속도—즉, 우리가 보는 세계—에서는 $uv/c^2 \simeq 0$이 되어 아인슈타인의 식은 뉴턴의 식과 일치한다($\simeq$는 대체로 같다는 것을 나타내는 기호). 바꾸어 말하면 흑판의 식 Ⓝ은 근사(近似)로서 성립되는 것이 된다.

그렇기는 하지만 식 Ⓔ가 어째서 성립되느냐고 묻는다면—수식의 전개는 어쨌든 간에—결국은 광속 c가 불변이고 속도의 상한이 될 만한 우주가 창조되었다고밖에는 더 설명할 방법이 없는 것이다.

〈그림 4-6〉 일상적인 세계에서는 '속도의 합성 법칙'(뉴턴의 식 Ⓝ)이 성립하지만, 광속 부근에서는 아인슈타인의 식 Ⓔ처럼 되어도 아무것도 광속을 초과하지 못한다

광속으로 달려가는 중력파

자세한 설명은 3장의 범위를 넘어서지만, 질량이 큰 물체가 맹렬하게 운동하면, 거기서부터 중력의 파동이 역시 광속 c로 공간을 전파해 간다는 것이 상대성 이론으로부터 이끌어 진다.

그런데 전자기력에 비해 중력의 효과는 엄청나게 미약하기 때문에, 중력파의 존재를 실험으로 포착한다는 것은 기술적으로 곤란하다.

그래서 중력파의 근원으로서 현재 주목되고 있는 것이 이중별(二重星)의 회전이나 초신성(超新星)의 폭발 등 거대 질량이 관계하는 천체 현상이다.

인간은 오랫 동안 별로부터 당도하는 가시광선에 의해서 우주를 관측해 왔다. 최근에는 그 밖에 X선, 적외선, 전파 등 넓은 파장 영역의 전자기파도 이용하여 보다 깊숙이 우주의 모습을 알 수 있게 되었다.

더욱이, 만약에 중력파(重力波)의 검출에 성공한다면, 우리는 또 하나의 우주를 보는 새로운 정보원을 손에 넣는 셈이 된다. 그런 의미에서도 지금, 각국의 연구진에 의해 계획이 추진되고 있는 중력파 검출 실험은 커다란 관심을 모으고 있다.

헤르츠가 전자기파를 포착하고서부터 1세기가 경과한 지금, 이 역사의 매듭에 맞추어서 공간을 광속으로 달려가는 새로운 파동은 우리 앞에 그 모습을 드러내 줄 것인가?

9. 「광속도의 대칭성」은 상대론의 기초

그런데 상대성 이론이라고 하면 시간, 공간의 개념을 근저에서부터 발칵 뒤집어 놓은 이론이다. 그런 만큼 시간의 패러독스나 공간의 일그러짐 등 감각과 크게 어긋나는 이야기만 힘주어 소개되는 경향이 있다.

그러나 얼핏 보기에 불가사의하게 생각되는 현상도, 모두 광속도가 절대(불변, 상한)인 것에 기인하고 있다.

아인슈타인은 광속도의 절대성을 토대로 하여 시간과 공간이 상대적인 개념이 된다는 것을 제시했던 것이다.

5장
양자 역학과 빛

1. 철혈 재상 비스마르크

19세기 후반으로 접어들자, 당시는 아직 많은 작은 나라들로 분열되어 있던 독일에도 국가 통일의 기운이 일어났다.

그런 가운데서 주도권을 장악한 것이 프로이센이고, 그 견인 차 구실을 한 사람이 강인한 정책으로 역사에 이름을 남긴 프로이센의 재상(宰相) 비스마르크(O. Bismark, 1815~1898)이다.

「철과 피로 독일의 통일을!」이라는 슬로건을 내건 비스마르 크는 군비 확장을 추진하여 먼저 1866년, 오스트리아를 격파 한 것을 계기로 북독일 연방을 성립시켰다. 이어 1871년 프랑 스와의 싸움에서도 승리를 거둔 프로이센은 프랑스로부터 알자 스, 로렌 지방을 할양받고 동시에 남독일 여러 나라를 합병하 여 여기에 통일된 독일 제국이 탄생했다. 이해에 프로이센 왕 빌헬름 1세(Wilhelm I)는 프랑스의 베르사유 궁전에서 독일 황제로 즉위했다.

이렇게 하여 통일을 이룩한 독일은 국력 증강을 위해 철강업 을 비롯한 중공업의 진흥에 힘을 쏟게 된다. 이때 석탄과 철광 자원이 풍부한 알자스, 로렌이 독일의 귀중한 영토가 된 것은 말할 나위도 없다. 얼마 후 독일은 철의 시대를 맞이하게 된다.

이 같은 공업의 발전과 병행하여, 그와 관련되는 물리학의 연 구도 장려하게 되었다. 그 일환으로서 1884년에 베를린에 설립 된 것이 물리공학제국연구소(物理工學帝國研究所)이고, 초대 연구 소장으로 취임한 사람이 에너지 보존 법칙의 발견자로 알려진 대물리학자 헬름홀츠(H. L. F. Helmholtz, 1821~1894)였다.

그리고 지금으로부터 약 20년 전에 필자는 이 연구소에 체 재한 경험이 있는데, 현재도 여기는 측정 단위에 관한 기초 연구에서 지도적 역할을 하고 있다. 다만, 독일 제국의 붕괴와 더불어 명칭은 물리공학 국립연구소로 바뀌었다.

어쨌든 19세기 후반에 이미, 공업 기술의 발전에는 그것을 떠받쳐 주는 기초 과학의 연구가 중요하다는 것을 꿰뚫어 본 독일의 안목은 과연 뛰어났다고 할 수 있을 것이다.

2. 용광로의 온도 측정

그런데 비스마르크가 주력한 제철에는 용광로로 대표되는 각종 고온 작업이 도입된다. 그래서 현장에서의 필요성으로부터 높은 온도를 어떻게 정확하게 측정하느냐고 하는 물리학상의 문제가 발생했다. 용광로의 온도를 정확히 알지 못하고는 양질의 철을 안정되게 만들 수가 없기 때문이다.

그런데 일상생활에서의 온도 측정이라고 하면, 곧 한란계나 체온계를 생각하게 될 것이다. 그러나 1,000℃를 넘는 고온을 상대로 할 때 그러한 것은 아무 짝에도 쓸모가 없다. 그렇게 되자 대신 온도와 관계가 깊은 적당한 물리 현상을 찾아야 했다.

여기서 주목된 것이 열복사(熱幅射)이다. 이것은 글자 그대로 가열된 물체가 빛(전자기파)을 복사하는 현상이다. 그리고 물체의 온도에 의해서 복사되는 빛의 스펙트럼(파장에 대한 빛의 강도 분포)이 변화한다.

쉽게 말해서, 온도에 의해 물체의 색깔이 변화하는 것이다. 이를테면 검은 철도 가열되면 빨갛게 되고, 더욱 온도가 올라가면 오렌지색, 백색으로 바뀌어 간다. 즉 색깔을 보면 온도를 알 수 있다―다만, 물리적인 정밀성을 갖고서―. 그래서 이것을 고온의 측정에 이용하게 되었다.

19세기 말, 이 연구의 중심지가 된 것이 방금 소개한 베를린의 물리공학 제국연구소이다.

그래서 용광로의 축소판이라고 할 수 있는 소형로를 만들어, 작은 창구멍으로부터 새어나오는 빛의 스펙트럼을 용광로의 온도를 변화시켜 가면서 측정하는 연구가 차분하게 계속되었다.

한편, 열복사에 관한 이론의 연구도 활발해졌다. 전자기학과 열역학의 이론에 바탕하여 용광로에서 나오는 빛의 스펙트럼이 계산되었다.

그런데 계산을 실행하고 본즉, 곤란하게도 측정과 이론이 일치하지 않았다(빛의 파장 영역에 따라서 부분적으로 일치하는 데 지나지 않았다). 즉 그다지 어려운 일이 아닐 것이라고 생각되었던 열복사 현상을 고전물리학자의 이론으로는 설명할 수가 없었던 것이다. 이것은 당시의 물리학자를 크게 당혹하게 하는 일이었다.

3. 플랑크의 기묘한 가설

이 당혹상을 가리켜 켈빈 경(1장에 등장한 19세기를 대표하는 영국의 물리학자)은, 1900년 4월 27일 런던 왕립협회에서의 강연 가운데서 「물리학의 아름다운 이론 위에, 19세기의 두 개의 어두운 구름이 뒤덮이려 하고 있다」고 표현했다.

두 가지 암운이라고 하는 것은, 또 하나 걷잡을 수 없는 에테르의 기묘한 성질에 당시의 물리학자가 골머리를 앓고 있었던 것을 가리키고 있는데, 이쪽 '암운'은 4장에서 설명했듯이, 얼마 후 아인슈타인의 상대성 이론에 의해서 해결되었다. 그렇다면 '열복사의 암운'은 어떻게 되었을까?

켈빈 경의 강연이 있은 지 8개월이 지난 1900년 12월 14

$$E = \frac{8\pi\nu^2}{C^3} \cdot \frac{h\nu}{exp(h\nu/_{\ell T})-1}$$

〈그림 5-1〉 플랑크의 식은 실험과 일치하나, 그 식은 어떤 의미를 가질까?

일, 독일 물리학회에서 베를린대학 교수로 있는 플랑크(M. K. E. L. Planck, 1858~1947)는 스펙트럼을 나타내는 한 수식을 발표했다. 플랑크의 식은 제국연구소에서 실시하고 있던 측정 결과와 딱 맞아떨어졌다.

실험과 이론이 일치하면 보통은 이것으로 이야기는 끝난다. 그런데 이번에는 그렇게 되지 않았다. 훌륭하게 일치했기 때문에 물리학자—거기에는 플랑크 자신을 포함하여—의 당혹은 도리어 커지고 말았다(그림 5-1).

왜냐하면 플랑크의 식에는 그때까지의 물리학에서는 대한 적이 없는 기묘한 가설이 포함되어 있었다. 이 기묘한 가설은 도대체 무엇을 의미하는 것일까? 왜 이런 가설이 필요할까? 하는 문제가 새로이 발생한 것이다.

4. 빛의 에너지는 불연속

플랑크가 도입한 가설이란 다음과 같은 내용이었다.

열복사로부터 나오는 진동수 ν(뉴)의 빛(전자기파)의 에너지 E는 $h\nu$를 단위로 하여, 그 정수배의 값($h\nu$, $2h\nu$, $3h\nu$, ⋯)밖에는 취할 수가 없다고 하는 것이다(h는 E와 ν를 결부하는 상수로서 「플랑크 상수」라고 불린다).

즉, 빛의 에너지 E는 $h\nu$를 한 덩어리로 하여 불연속으로 점프하면서 변화하는 것이 된다. 중간값, 이를테면 $0.5h\nu$라든가 $3.8h\nu$라든가 하는 임의의 에너지는 허용되지 않는 것이다.

이같이 어떤 물리량—지금의 경우는 에너지—이 어떤 덩어리(입자)를 단위로 하여 띄엄띄엄 변화할 때, 이것을 「양자(量子)」라고 부른다.

하지만 에너지의 변화에 왜 이런 형태로 제약을 가해야 하느냐고 하는 핵심에 대해서는, 앞에서 말했듯이 그 누구도 전혀 알 수가 없었다.

비유를 한다면, 비탈을 따라서 연속적으로 올라가고 있던 길이 어느 날 갑자기 띄엄띄엄한 계단으로 변화한 것과 같기 때문이다(그림 5-2).

측정 결과와의 일치가 두드러졌던 만큼, 양자 가설의 기묘함도 그만큼 두드러지게 되었다. 당사자인 플랑크도 운 좋게 공식을 발견하기는 했지만, 식이 물리적으로 의미하는 바에 대해서는 도무지 추측조차 할 수가 없었다.

5. 빛은 입자이기도 하고 파동이기도 하다

그런데 여기서 시대는 저 1905년을 다시 맞이하게 된다.

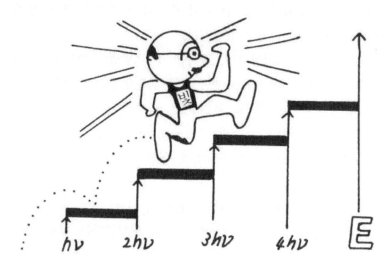

〈그림 5-2〉 빛의 에너지 표는 띄엄띄엄한 값밖에 취하지 못한다

「저」라고 가리킨 것은 바로 아인슈타인이 상대성 이론을 발표한 해이자(4장) 또 「에너지의 띄엄띄엄한 수수께끼」가 또한 아인슈타인에 의해서 해결된 해이기도 하기 때문이다.

아인슈타인은 진동수 ν(뮤)의 빛은 $h\nu$라고 하는 에너지를 갖는 입자로서의 성질도 아울러 갖추고 있다고 생각했다. 즉 빛은 「파동」인 동시에 「입자」이기도 하다는 것이다. 그래서 이 입자를 「광양자(光量子)」 또는 간단히 「광자(光子)」라고 부르고 있다.

이렇게 적으면 왠지 뉴턴에서부터 맥스웰까지의 논의를 재탕이나 하는 듯이 들리겠지만 그렇지 않다. 이슬람교가 「코란이냐 칼이냐?」 하고 양자택일을 강요했듯이, 자연은 빛의 본성을 「파동이냐 입자냐?」 하고 따지고 들었던 것은 아니었다.

아인슈타인은 양쪽의 속성(屬性)이 빛 속에 동등하게 존재한다고 보았던 것이다. 이러한 파악 방법을 가리켜 「파동과 입자의 이중성(二重性)」이라고 표현한다.

좀 더 설명을 첨가한다면, 자극을 주는 방법에 따라서—'실험의 종류에 따라서'라고 쓰는 편이 알기 쉬울지 모른다—어느 때는 파동의 성질을 강하게, 또 어느 때는 입자의 성질을 강하게 나타낸다고 하는 것이다. 그런 까닭으로 이것은 결코 과거의 논쟁의 재연이 아니라, 아인슈타인에 의한 전혀 새로운 빛의 파악 방법이었다(그림 5-3).

입자라고 하게 되면, 확실히 1개, 2개, 3개, …로 계산할 수 있기 때문에 빛의 에너지가 불연속으로 변화한다는 것도 수긍이 간다.

그렇게 되면 문제는 진정 빛이 입자로서 거동하는 현상을 실험으로 제시할 수 있느냐가 문제가 된다.

실은 이 증거가 되는 실험 결과가 1905년에 광양자설이 발표되기 이전에—물론 당시는 그렇다는 것을 알고 있었던 것은 아니지만—이미 얻어져 있었다.

그것은 「광전 효과(光電效果)」라고 불리는 현상이다. 금속에 빛을 충돌시키면 그 표면으로부터 전자가 튀어나온다. 이것이 광전 효과이다. 다만, 언제나 전자가 튀어나오는 것은 아니었다.

광전 효과가 일어나기 위해서는, 빛의 파장이 어느 일정한 값—이 값은 금속의 종류에 따라서 달라진다—이하의 짧기가 아니면 안 된다. 바꾸어 말하면 파장이 긴 빛을 아무리 강하게 충돌시켜도 금속으로부터 전자는 튀어나오지 않았다.

예를 들어 설명하면, 돌멩이가 흩어져 있는 해변가에 파도가 밀려오는 광경을 생각해 보자. 파도가 몇 번을 밀려와도, 젖은

〈그림 5-3〉 아인슈타인은 '빛은 파동이냐, 입자냐?'가 아니라,
'빛은 파동과 입자의 이중성을 갖는다'고 생각했다

모래판에 묻힌 돌멩이는 결코 움직이지 않는다. 그러나 밀려오는 파도의 에너지를 물가 전체로 확산시켜 두는 것이 아니라, 한곳에다 모아 그것을 한 개의 돌멩이를 향해서 쏘아 맞췄다면 어떻게 될까? 돌멩이는 세차게 날아가 버릴 것이다.

돌멩이의 경우에서조차 그렇다면, 금속 속에 묻힌 작은 전자를 두들겨 내는 데는 공간적으로 퍼진 빛의 파동이 밀려오더라도 아무 효과를 발생시키지 못한다. 빛은 「광자」라고 하는 에너지의 덩어리(탄환)가 되어서 전자에 충돌해야만 하는 것이다.

이리하여 아인슈타인이 제창한 광자는, 이미 알려져 있던 광전 효과의 원인을 설명하는 것이 되기도 하였다.

98

6. 광자와 전자의 당구

1923년, 미국의 물리학자 콤프턴(A. H. Compton, 1892~1962)이 또 하나의 훌륭한 실험에 성공했다.

콤프턴은 어떤 파장의 X선—X선은 단파장인 전자기파, 즉 빛의 일종이다—을 탄소를 비롯한 여러 가지 물질에 충돌시켜 보았다. 그러자 산란되어 물질로부터 나온 X선의 파장이, 처음과 비교해서 길어진 것에 착안했다.

이 효과도 물질 속에서 X선이라고 하는 광자가 전자와 '당구치기' 현상을 일으키는 것이라고 생각하면 잘 설명될 수 있다는 것을 알았다(그림 5-4).

그런데 광전 효과이든 콤프턴 효과이든 간에 상대는 전자라고 하는 극미의 '입자'를 상대로 하고 있는 셈인데, 더 큰 상대를 날려버리는, 가능하다면 육안으로 관찰할 수 있을 만한 현상은 일어날 수 없는 것일까?

아인슈타인이나 콤프턴의 시대에는 기술적으로 불가능했지만, 레이저광이 개발되자 그것도 가능하게 되었다.

레이저라고 하는 것은 단색성(單色性)과 지향성(指向性)이 뛰어난 빛이다. 즉 $h\nu$라고 하는 빛의 입자가 확산하지 않고 가지런하게 오는 것이라고 표현할 수 있다(대열을 짠 군인이 보조를 맞추어 행진하듯이).

이런 성질을 가진 강력한 레이저를 수십 미크론 정도의 작은 유리구슬에 아래서부터 수직으로 충돌시키면, 유리구슬은 공중으로 떠오른다. 그것은 마치 세차게 뿜어 오르는 분수 위에 비치볼을 얹어 놓았을 때와 같은 현상에 비유할 수 있다.

또 최근에는 기체에 레이저를 쏘아서 원자의 열운동을 억제

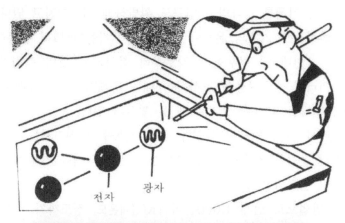

〈그림 5-4〉 콤프턴 효과(위). X선(=광자)은 전자를 튕겨낸다
아래는 레이저의 '분수'(촬영 : 벤 로즈)

하는, 즉 기체를 냉각하는 연구도 활발하게 이루어지고 있다.

일반적으로 기체의 온도에 대응해서 원자는 맹렬히 활동하고 있다. 그런데 이 운동은 원자로부터 복사되는 빛의 측정이나, 원자끼리의 상호작용을 조사하는 데는 방해가 된다. 그래서 되도록 원자를 얌전한 상태로 해 둘 필요가 있다.

그래서 기체 원자의 특성에 맞춘 진동수의 레이저를 쏘아서 원자의 운동을 감속시키고, 공간의 좁은 영역에다 가두어 놓는 실험이 시도되고 있다.

이 방법으로 현재 1,000분의 1K(절대온도) 정도까지 기체 온도를 냉각할 수 있으며 앞으로 이 값은 더욱 내려갈 것으로 기대되고 있다. 이리하여 극저온의 실현에서도 광자가 중요한 기능을 발휘하고 있는 것이다.

7. 아름다운 시대의 유산—드 브로이의 물질파

여기서 이야기를 다시 20세기 초로 돌리기로 하자.

1923년, 파리 과학 아카데미의 기요(紀要 : 정기적으로 발간되는 연구 보고서) 『콩트 랑쥐(Comptes Rendus)』에 물질파(物質波)라고 하는 새로운 개념을 제창하는 대담한 이론—당시로서는 황당무계하다고밖에는 형용할 수 없는 가설—이 발표되었다. 논문의 저자는 드 브로이(L. V. de Broglie, 1892~1982)로 프랑스의 명문 귀족인 드 브로이 공작의 둘째 아들이었다.

우선 그 내용이 얼마나 대담한 것이었는지 소개한다면, 드 브로이는 아인슈타인이 확립한 빛의 본성에 대한 파악 방법을 더듬어 가 보았다.

즉, 파동이라고 생각되고 있던 빛에서 입자성을 볼 수 있는

〈그림 5-5〉 드 브로이는 전자(=입자)도 파동의 성질(=물질파)을 갖는다고
생각했다

것이라고 한다면 입자(물질), 이를테면 전자가 파동성을 나타낸
다는 것도 생각할 수 있지 않을까 하는 것이었다. 파동과 입자
의 관계는 일방통행이 아니라 서로 왕래가 가능하다고 생각했
던 것이다.

이때 드 브로이는 상대성 이론의 귀결인 에너지와 질량의 등
가성(等價性)을 부여하는 유명한 식($E=mc^2$)과, 에너지 양자의 관
계식($E=h\nu$)의 두 가지를 사용하여 자신의 이론을 전개했다.

여기서 수식을 주물럭거리지는 않겠으나, 최종적으로 운동량
p(질량×속도)를 갖는 입자는 $\lambda=h/p$로서 주어지는 파장을 갖는
파동으로서도 거동한다는 결론에 도달했다. 이것이 앞에서 말
한 「물질파」의 개념이다(그림 5-5).

식을 보면 알 수 있듯이, 플랑크 상수 h를 매개로 하여 운동
량 p인 입자와 파장 ʎ인 파동이 결부된 셈이 된다. 이리하여
「파동과 입자의 이중성」은 반드시 빛에만 특유한 것이 아니
라, 일반 입자에도 적용된다고 하는 보편적인 묘상(推像)이―적
어도 이론상으로는―되었던 것이다.

그런데 이러한 대담한 가설을 착상한 드 브로이는, 처음에는
역사학을 전공했는데, 물리학자이던 형 모리스(C. Maurice,
1875~1960)의 일을 거들던 중 역사로부터 물리학으로 관심이
옮겨 갔다고 전해지고 있다.

이리하여 명문 귀족 집안에서 태어난 두 형제는 파리의 저택
안에 연구실을 차려놓고, 좋아하는 물리학 연구에 마음껏 열정
을 쏟았다.

비슷한 좋은 환경을 누렸던 과학자로는 영국의 캐번디시(H.
Cavendish, 1731~1810)와 프랑스의 라부아지에(3장-3 참고) 등
몇몇 사람이 생각난다. 그들을 보노라면 한 시대 전까지 과학
연구는 직업이라기보다는 유복한 인간의 순수한 지적(知的) 호
기심의 발현이라는 측면을 엿볼 수 있다.

그러나 현대와 같이 과학이 극도로 전문화, 세분화되고 실험
규모도 대형화되면, 좋건 나쁘건 간에 드 브로이와 같은 생활
방식의 과학자가 출현한다는 것은 사실상 불가능하다. 그런 의
미에서 20세기 초는 그래도 아직 아름답고 우아했던 시대
(Belle éroque)의 흔적이 남아 있었던 것 같다.

옛날을 그리워하는 것은 이쯤 하고 물질파의 이야기를 계속
하기로 하자. 드 브로이의 이론은 『콩트 랑쥐』에 발표된 이듬
해(1924)에 상세히 정리되어 소르본(파리대학)에 박사 논문으로

드 브로이의 죽음

4~5장에서 말했듯이, 20세기 초는 상대성 이론과 양자 역학의 탄생을 계기로 하는 물리학의 격동기였다. 그런 만큼 천재들이 기라성처럼 반짝였던 시대이기도 했다.

이 같은 천재들의 활약이 물리학의 커다란 진보를 촉진했다는 것은 새삼 말할 나위도 없으나, 관점을 달리하면 격동의 시대가 연달아 영웅이 아닌 천재를 낳았다고도 할 수 있다.

어쨌든 현대의 우리에게 있어서 그들은 바로 새로운 물리학, 새로운 자연관을 창조한 '신들의 군상(群像)'에다 비유할 수 있을 것이다.

그러나 세월과 더불어 신들도 한 사람 한 사람씩 이 세상으로부터 사라져 갔다(아인슈타인은 1955년에 사망했다). 그런 가운데서 전자의 파동성을 제창했던 드 브로이도 마침내 1987년 3월 19일 아침, 파리 근교의 바르드세느의 병원에서 94세의 일생을 마쳤다.

그런 의미에서 드 브로이의 죽음은 확실히 한 시대의 종언을 알리는 것이 되었다.

제출되었다.

그러나 심사를 맡았던 소르본의 교수는 그것을 다루는 데 있어서 꽤나 고민했던 듯하다. 그래서 심사위원의 한 사람이었던 랑주뱅(P. Langevin, 1872~1946)은 드 브로이의 논문을 아인슈타인에게 보내서 그의 의견을 구했다. 다행하게도 아인슈타인은 이 논문을 매우 높게 평가해 주었다.

이리하여 박사 논문은 무사히 통과되었는데 그로부터 3년 후 (1927)에는 더욱 멋진 뉴스가 드 브로이에게 전해졌다. 그것은 실험에 의해서 전자의 파동성이 훌륭하게 제시되었던 것이다.

8. 증명된 전자의 파동성

실험에 성공한 사람은 미국의 데이비슨(C. J. Davidson, 1881~1958)과 거머(L. H. Germer, 1896~1791) 그룹, 영국의 톰슨(G. P. Thomson, 1892~1975)이었다.

그들은 각각 독립적으로 전자 빔을 결정(結晶)에 조사(照射)하여, 결정으로부터 산란되어 나오는 전자 빔의 강도 분포를 측정해 보았다. 그러자 전자가 파동 특유의 아름다운 간섭무늬를 그린다는 것이 확인되었다.

실험 원리에 대해 간단히 보충해 둔다면, 이것은 바로 3장에서 소개한 영의 간섭 실험의 응용이었다. 즉 빛 대신 전자를 적당한 '슬릿(Slit)'에 입사시켜 간섭을 일으키게 하려는 것이다. 여기서 슬릿의 역할로 선택된 것이 결정이다.

앞에서 말했듯이, 전자의 파장 λ는 운동량 p에 반비례한다. 그래서 가속 전압을 조절하여(수십~수백 볼트) 운동량을 결정하면, 전자의 파장은 결정 내의 원자끼리의 간격(좀 더 정확하게 말하면, 원자가 배열된 면—이것을 「격자면(格子面)」이라고 부른다—끼리의 간격)과 거의 같은 정도가 된다.

이러한 조건이 충족되면 빛의 경우와 마찬가지로 전자도 간섭을 일으키게 된다. 이리하여 드 브로이가 예언했던 대로 전자의 파동성이 실증된 것이다.

그런데 그 이듬해인 1928년, 일본의 이화학(理化學) 연구소의 기쿠치(菊地正士)가 운모의 박막에 전자 빔을 충돌시켰더니, 데이비슨 그룹이 얻었던 것과는 다른 별개의 간섭무늬가 나타나는 것을 발견했다. 명암의 띠와 평행선이 복잡하게 중첩된 상(像)이 관측되었던 것이다.

이것은 결정 속에서 에너지를 상실한 전자 빔이 역시 간섭을 일으키기 때문에 나타난다는 것이 나중에 와서 증명되었다.

또 이 간섭무늬는 오늘날 「기쿠치 패턴(Kikuchi Lines)」이라고 불리고 있다.

9. 원자의 구조와 「죽음의 나선 계단」

그런데 19세기 말경부터 물리학자의 관심은 차츰 눈에 보이지 않는 극미의 세계로 옮겨갔다. 그리고 20세기에 접어들자 원자의 구조 해명이 중요한 테마로 떠올랐다.

그런 가운데서 1911년, 특기할 만한 논문이 영국의 러더퍼드(D. Rutherford, 1871~1937)에 의해 발표되었다. 러더퍼드는 알파(a) 입자(헬륨의 원자핵)를 금속박으로 산란시키는 실험을 하여, 원자의 중심에는 양전하가 응집한 핵이 있고 그 주위를 음전하의 전자가 회전하고 있다는 것을 확인했다.

그런데 여기서 곤란한 문제가 생겼다. 전자가 회전 운동—일반적으로는 하전입자가 가속도 운동—을 하면, 전자는 빛(전기기파)을 방출하면서 에너지를 상실해 간다는 것이 전자기학으로부터 알려져 있었던 것이다.

즉 이대로라면 전자는 차츰 회전 반지름을 축소시켜 가면서 핵 속으로 흡수되어 버린다. 이것을 「죽음의 나선 계단」이라는 무서운 말로 표현한 사람이 있는데, 실제가 그렇다고 한다면 불과 10^{-11}초로 전자는 소멸되어 버린다. 이래서야 원자는 도저히 안정되게 존재할 수가 없다(그림 5-6).

또 이같이 해서 전자가 방출하는 빛의 파장은—전자가 나선 계단을 내려감에 따라서—연속적으로 짧아질 것이었다. 그러나 원자로부터 나오는 빛을 분광기(分光器)로 조사하자 파장은 불연속의 값밖에는 취하지 않았다.

1913년, 이 곤란한 문제에 하나의 해석을 제공한 사람이 덴마크의 물리학자 보어(N. H. D. Bohr, 1885~1962)이다.

보어는 핵 주위를 회전하는 전자는 특정 궤도밖에 취할 수가 없다고 가정했다. 즉 인공위성처럼 궤도(비행 고도)를 임의로 선택하는 것은 허용되지 않는 것이다. 그리고 이 특정 궤도를 돌 때—이것을 「정상상태(定常狀態)」라고 부른다—전자는 빛을 방출하지 않고, 에너지도 상실하지 않는 것이라고 생각했다.

그런데 전자가 어떤 궤도로부터 다른 궤도로 옮겨 뛸 때, 그 에너지 차 E에 대응한 진동수(ν=E/h)의 빛이 방출되는 것이라고 하는 것이다. 이렇게 하면 확실히 원자로부터 나오는 빛의 스펙트럼은 연속되지 않고, 파장은 띄엄띄엄한 값밖에는 가리키지 않는 것이 된다.

그렇다면 왜 이 같은 보어의 가설이 성립될까? 그것에 해답

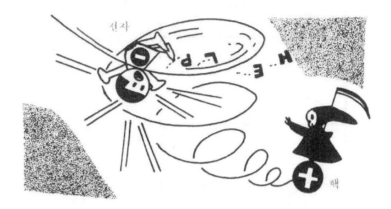

〈그림 5-6〉'죽음의 나선계단'. 그것이 일어나지 않는 까닭은?

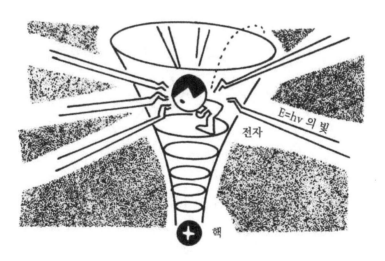

〈그림 5-7〉전자는 일정한 궤도를 돌고 있으나, 낮은 레벨의
궤도로 뛰어내릴 때에만 빛을 낸다

108

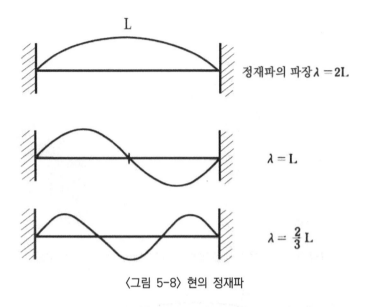

정재파의 파장 $\lambda = 2L$

$\lambda = L$

$\lambda = \dfrac{2}{3} L$

〈그림 5-8〉 현의 정재파

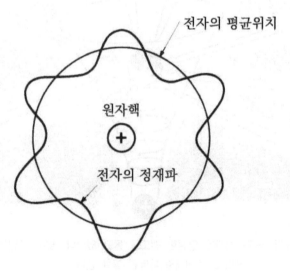

전자의 평균위치

원자핵

전자의 정재파

〈그림 5-9〉 전자는 원자핵 주위에 정재파를 만든다

을 준 것이 앞에서 설명한 전자의 파동성이었다.

여기서 다음과 같은 유추를 사용하기로 하자. 기타처럼 양끝을 고정시킨 현(弦)을 퉁기면 정재파(定在波)가 발생한다. 이때 현의 길이를 L이라고 하면, 정재파의 파장은 〈그림 5-8〉에 보인 것과 같은 특정한(불연속인) 값밖에는 취하지 못한다. 이를테면 1.5L의 파장으로 진동시키려고 해도 그것은 불가능하다.

그래서 원자에 속박되어 있는 전자도 파동으로서의 측면에 주목하면, 기타의 현과 마찬가지로 일종의 정재파를 형성하는 것이라고 생각할 수 있다(그렇지 않으면 전자는 안정하게 존재할 수 없다). 정재파라면 방금 말했듯이 파장은 불연속으로 변화하고, 그것에 대응해서 전자의 궤도도 특정한 값밖에는 허용되지 않는다.

이런 이치로 원자의 구조와 그 안정성 문제는 전자의 파동설을 열쇠로 하여 해결되었던 것이다.

10. 양자 역학에 의해서 극미의 세계로

이리하여 열복사의 연구에서 발달하여 탄생한 「양자」와 「파동과 입자의 이중성」이라고 하는 새로운 개념을 기초로 하여, 이윽고 극미의 세계를 기술하는 이론이 형태를 갖추게 된다.

그리고 1930년경에는 「양자 역학」이라고 불리는 전혀 새로운 체계가 확립되었다. 양자 역학은 그 후 원자, 핵, 소립자에서부터 물성물리(物性物理)까지 넓은 범위에 걸쳐 적용되어 현대 물리학의 중요한 기둥으로 자리 잡았다.

그렇기는 하지만 이러한 물리학의 기초 이론의 근본을 더듬어 가면, 독일의 중공업 진흥이라고 하는 지극히 현실적인 국가 정책 가운데서부터 태어났다고 하는 것은 매우 흥미로운 이야기다.

「비가 오면 우산 장수가 돈을 번다」는 식으로 표현한다면,

「비스마르크의 철혈정책(鐵血政策)이 양자 역학을 낳았다」

고도 할 수 있을지 모른다.

어쨌든 5장에서 말했듯이 역사를 쫓아가 보면 양자 역학의 확립에서도 빛이 각 요소에서 귀중한 인도적 구실을 해 왔다는 것을 알 수 있다.

6장
반물질의 세계와 빛의 매개

1. 「거미줄」

「어느 날의 일입니다. 부처님은 극락의 연못 주위를 혼자 산책하고 계셨습니다. 연못 속에 피어 있는 연꽃은 모두 백옥같이 희고, 그 한가운데에 있는 금빛의 꽃술로부터는 무엇이라 형용할 수 없는 좋은 향기가 끊임없이 주위로 넘쳐흐르고 있습니다. 극락은 지금 막 아침입니다.

이윽고 부처님은 그 연못가에 멈춰 서시고, 수면을 덮고 있는 연잎 사이로 문뜩 아래 세상을 살펴보셨습니다. 이 극락의 연못 밑은 바로 지옥의 밑바닥이기 때문에, 수정같이 맑은 물을 통해서 삼도천(三途川)이나 뾰쪽뾰쪽한 바늘산의 경치가 마치 요지경 속을 들여다보듯이 뚜렷이 보였습니다.」

이것은 일본의 유명한 문학자 아쿠타카와 류노스케(芥川龍之介)의 소설 「거미줄」의 서두이다. 수많은 아쿠타카와의 작품 중에서도 잘 알려진 단편 소설인데, 그다음은 이렇게 계속된다.

연못을 통해 지옥을 들여다본즉, 건타다(犍陀多)라는 죄인이 피가 괸 연못 속에서 허우적거리고 있는 모습이 부처님의 눈에 비쳤다. 건타다는 갖은 나쁜 짓을 한 극악자이지만, 단 한 번 거미를 구해준 착한 일을 한 적이 있었다.

그것을 생각해내신 부처님은, 이 사나이를 지옥으로부터 구해 주시려고 생각하셨다. 그래서 곁에 있는 거미줄을 풀어서, 수련 사이로 까마득히 내려다보이는 지옥으로 향해 드리워 주셨다.

어두운 연못 속에서 허우적거리고 있던 건타다가 문득 머리 위를 쳐다보자, 아름답게 은빛으로 반짝이는 실이 한 줄기의 빛처럼 아래로 내려지고 있는 것을 보았다.

「이 실은 극락으로 통하고 있을지도 몰라」하고 생각한 건타다는 필사적으로 그 실을 타고 올라가기 시작했다.

그러다가 문득 아래를 되돌아보았다. 숱한 죄인들이 거미의 행렬처럼 자기 뒤를 쫓아오고 있지 않은가. 이래서야 무게를 견디다 못해 언제 가느다란 거미줄이 끊어질지 모른다.

겁이 난 건타다는 죄인들을 향해서 「이 실은 내 거야. 내려가, 썩 내려가!」하고 소리쳤다.

그 순간 실이 뚝 끊어지면서 건타다는 다시 어둠 속으로 떨어졌다. 자기만 살려고 하는 무자비한 마음을 가졌던 건타다는 본래의 지옥으로 다시 떨어지고만 것이다.

「뒤에는 오직 극락의 거미줄만이 가느다랗게 반짝이면서 달도, 별도 없는 하늘의 중간에 대롱대롱 매달려 있었습니다」라는 줄거리이다.

이야기는 그저 그뿐이지만, 실제로 읽고 나면 뭐라고 형언할 수 없는 불가사의한 분위기가 감도는 작품이다.

극락과 지옥은 몇 만 리나 이어지는 공허한 공간에 의해서 격리되어 있다. 그와 같은, 본래는 서로가 결코 왕래할 수 없는 두 세계가 부처님이 드리워주신 거미줄로 이어지려 했던 것이다. 하지만 실은 결국 끊어지고 말았다.

이 같은 「거미줄」에 묘사된 정경을 방불케 하는 것이 실은 이제부터 말하려는 물질과 반물질(反物質)의 세계인 것이다. 그리고 여기서 '거미줄'의 역할을 하는 것이 이 책의 주인공 「빛」이다.

그러면 이쯤에서 다시 물리의 세계로 눈을 돌리기로 하자.

2. 음의 에너지를 갖는 전자는 존재하는가?

20세기로 들어오자, 상대성 이론과 양자 역학이 확립되고 새로운 자연관이 수립되었다는 것은 이미 앞에서 말한 대로이다. 그렇게 되자 이 두 이론을 결부시키려는 시도를 하게 되었다. 그것은 이를테면, 전자의 속도가 광속 c에 접근했을 경우, 거기서는 당연히 상대성 이론의 효과를 무시할 수 없게 되기 때문이다.

이 곤란한 시도에 성공한 사람이 약관 26세의 천재 물리학자 디랙(P. A. M. Dirac, 1902~1984)이다. 그는 1928년 전자의 파동설을 기술하는 양자 역학의 방정식을 상대성 이론에 합치하도록 고쳐 썼다. 여기까지는 수학 문제의 처리로서 잘 진행되어 갔다.

그런데 막상 얻어진 방정식을 풀어본즉 묘한 일이 일어났다 (이 책에서는 묘한 일만 자꾸 일어난다고 생각할지 모르나, 실제로 역사 속에서 일어난 일이기 때문에 어쩔 수가 없다).

방정식의 답으로서, 전자의 에너지에는 플러스의 값만 아니라 마이너스의 값이 쌍을 이루며 나타났던 것이다.

「도대체 마이너스의 에너지를 갖는 전자란 무엇일까?」 하는 것이 문제가 되었다.

여기서 디랙의 방정식을 해석하지는 않겠지만, 문제의 뜻을 이해하기 위해 다음과 같은 비유를 들어 설명해 보기로 하자.

「면적이 100m²인 정사각형이 있다. 이 정사각형의 변의 길이는 얼마인가?」

라는 간단한 문제를 생각해 본다. 답은 암산으로도 금방 나오지만 일단 방정식을 세워보면, 변의 길이를 xm로 두면 x^2 =100이 된다. 따라서 $x=\pm10$이다.

그런데 -10m라고 하는 변의 길이는 의미가 없기 때문에, 결국 $x=+10$m만이 구하는 값이 된다.

이같이 문제를 나타내는 방정식을 풀어서 답을 얻는다고 해도 그대로는 어디까지나 수학의 답에 불과하다. 그 가운데서 문제의 뜻에 맞는 현실의 것만 골라내고 나머지는 버리는 것이다.

이 습관에 따르면 「마이너스의 에너지」라고 하는 뜻을 이해할 수 없는 답이 나왔을 경우, 그것은 문제의 뜻과 맞지 않으면 버리고, 플러스의 값만 취하면 일은 간단하다.

그러나 디랙은 그런 안이한 길을 택하지 않았다. 한 걸음을 멈춰 서서 음의 에너지를 갖는 전자에도 어떤 물리적인 의미가 있을지 모른다고 생각했던 것이다.

그리고 그 결과는 1930년에 「공공 이론(空孔理論)」으로서 발표되었다.

3. 디랙의 진공

여기서 디랙이 계산으로 얻어낸 전자의 에너지를 〈그림 6-1〉에서 확인할 수 있다.

먼저 플러스의 에너지—우리가 보통 관측하는 에너지—영역에서는, 전자가 정지해 있을 때의 에너지 $+m_0c^2$(m_0는 전자의 정지질량)을 최저값으로 $+\infty$까지 값이 뻗어 있다.

즉, 전자는 가만히 있을 때 제일 에너지가 작고, 가속되는 데 따라서 운동 에너지가 보태지기 때문에 그 몫만큼 전체 에너지가 증가해가는 것이다. 여기서는 별문제가 없다.

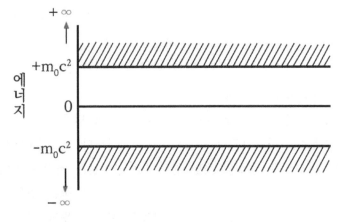

〈그림 6-1〉 전자의 에너지 상태

문제는 마이너스의 에너지 영역이다. 이쪽은 반대로 $-m_0c^2$을 최고값으로 하여 $-\infty$까지 에너지가 이어져 있다.

이것은 만약 마이너스의 에너지를 인정해 준다면 $+m_0c^2$은 이미 전자의 최저 에너지가 아닌 것이 되어버린다. 가만히 있을 때보다 더 낮은 에너지 상태가, $-m_0c^2$을 기점으로 하여 어디까지고 무한히 계속되는 것이다.

그렇게 되면 전자는 빛을 방출하면서 보다 낮은 에너지 상태를 향해서 아래로 아래로 무한히 떨어지게 된다. 밑 없는 늪에 빠진 것과 같다. 그러나 실제로 이런 현상은 일어나지 않는다.

그렇다면 마이너스의 에너지를 인정하고 또한 방금 말한 '전자의 낙하'를 저지하는 데는 어떻게 하면 될까?

디랙은 이 난문을 해결하기 위해 다음과 같은 가설을 세워 보았다. 그것은 마이너스의 에너지 상태는 이미 다른 전자에 의해서 꽉 채워져 있다고 하는 것이다.

그런데 전자라고 하는 것은 '낯가림'을 하는 성질인지, 하나

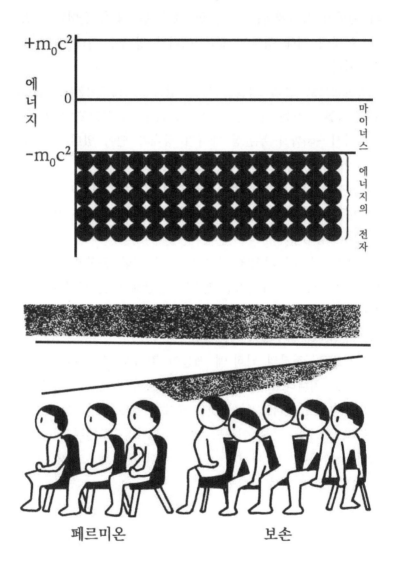

〈그림 6-2〉 디랙이 생각한 진공(위). $-m_0c^2$ 이하에 마이너스 에너지의 전자가 채워져 있다. 아래는 페르미온과 보손의 차이

의 에너지 상태에서는 오직 한 개의 전자밖에 들어가지 않는
다. 이것에 대해 광자는 같은 에너지 상태에 여러 개의 것이
수용된다.

일반적으로 앞의 성질을 갖는 입자를 「페르미온(Fermion)」,
뒤의 성질을 갖는 입자를 「보손(Boson)」이라 부르고 있다.

따라서 -∞까지 무한정 에너지 상태가 뻗어 있더라도 '모든
좌석'이 이미 만원이 되어 있다면, 플러스의 에너지 상태에 있
는 전자가 아래로 떨어져 내릴 걱정은 없어진다. 마치 극장이
나 야구장의 표가 모조리 팔려서 앉을 자리가 없는 것과 같은
것이다(그림 6-2).

이것은 디랙의 가설에 따르면 「진공」이란 공허한 공간이 아
니라, 마이너스의 에너지인 전자가 충만해 있는 상태라고 하게
된다(왜냐하면 진공에 전자를 두어도, 전자는 마이너스의 에너지 상
태로 떨어지는 일이 없기 때문이다).

이것으로 '전자의 낙하'에 제동이 걸리게 되는 이유는 일단
알았다고 치더라도, 텅 비어 있을 진공이 반대로 전자에 의해
서 꽉 채워져 있다고 하는 것은 도대체 무엇을 말하는 것일까?

감각적으로는 물론 이해도 안 될 뿐더러, 도대체 진공에 존
재하는 마이너스 에너지의 전자—그따위 것은 아무도 본 적이 없
다—를 어떻게 해서 관측할 수 있을까?

4. 진공에 뚫린 구멍—양전자

마이너스 에너지의 전자는 그대로는 관측에 걸려들지 않지
만, 어떤 방법으로 그것을 플러스의 에너지 상태로 끌어올려
주면 '보통'의 전자로 포착할 수가 있다.

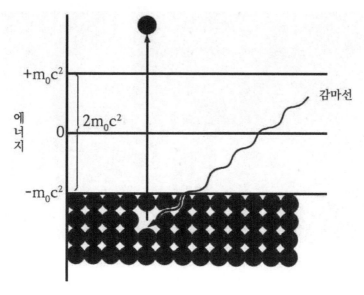

$$+m_0c^2$$
$$0$$
$$2m_0c^2$$
$$-m_0c^2$$
에
너
지

감마선

〈그림 6-3〉 진공 속으로 감마선을 달려가게 하면 전자와 양전자가 생성된다

　그래서 진공에 에너지가 높은 빛(감마선)을 달려가게 해 본다. 이때 마이너스 에너지의 전자가 감마선을 흡수하면 플러스의 에너지 상태가 된다.

　다만 그렇게 되려면 감마선의 에너지가 적어도 $2m_0c^2$ 이상이 되어야 한다. 전자가 마이너스로부터 플러스의 에너지 상태로 점프하는 데는, 이만한 에너지 갭을 넘어설 필요가 있기 때문이다.

　그런데 이 같은 조건이 충족되면, 플러스 상태가 된 전자는 플러스의 에너지를 갖기 때문에 보통으로 관측되게 된다.

　한편, 그 결과로 마이너스의 에너지 상태에서는 한 개의 「구멍」이 비게 된다(그림 6-3).

　진공은 그 자체로는 우리의 관측에 아무것도 걸려들지 않기

120

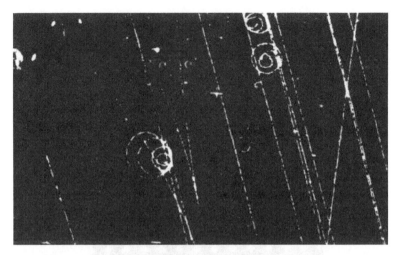

〈그림 6-4〉 감마선이 소멸하고 전자(e⁻)와 양전자(e⁺)가 발생했다

때문에, 전기적으로는 물론 중성이다. 그런데 그러한 중성 상태로부터 전자(음전하 -e)가 빠져나가는 셈이므로, 뒤에는 양전하가 생기게 된다. 이것은 중성 원자로부터 전자를 박탈하면 양이온이 생기는 것에 대응한다.

또 마이너스 에너지의 전자가 제거된 셈이기 때문에 나머지 상태(구멍)는 플러스의 에너지를 갖는 것이 된다.

이상을 정리하면, 감마선에 의해서 진공에 뚫린 「구멍」은 양전하 +e를 갖는 입자—이것을 「양전자(陽電子)」라고 부른다—로서 관측되는 것이다. 이것이 앞에서 말한 디랙의 「공공 이론」이다.

이같이 진공을 무대로 감마선(에너지)이 소멸되면 대신 입자(질량)가 생성되는 것을 알 수 있다(그림 6-4).

이것은 말할 나위도 없이 에너지와 질량의 등가성(等價性)을 부여하는 식(E=mc²)이 기초다. 이때 전자와 양전자는 반드시 쌍으로 나타난다. 그래서 이 현상을 「쌍생성(雙生成)」이라 부르고 있다.

반대로 전자와 양전자가 충돌하면 「쌍소멸(雙消滅)」을 일으키고, 거기서부터 감마선이 발생한다. 이 상태는 앞의 〈그림 6-3〉을 보면 알 수 있을 것이다.

그리고 디랙이 예언했던 양전자가 처음으로 관측된 것은 1932년, 미국의 앤더슨(C. D. Anderson, 1905~1991)에 의한 우주선의 연구였다.

소설 『나는 고양이로소이다』에 묘사된 「진공」

진공의 개념은 역사와 더불어 여러 가지로 변천해왔으므로, 이것을 더듬어 보는 것으로도 능히 한 권의 책이 될 수 있다.

그러므로 여기서는 2장에 등장했던 학문의 신 아리스토텔레스의 견해를 골라서 소개하기로 한다. 아리스토텔레스는 「자연은 진공을 싫어한다」는 유명한 말을 남겼다. 그 근거는 다음과 같다.

만약 진공이 존재한다고 치고, 거기서 물체를 떨어뜨린다면 무한대의 속도로 떨어질 것이다(아무 방해도 작용하지 않기 때문에). 그러나 무한대의 속도란 있을 수가 없기 때문에 진공(텅 빈 공간)은 존재하지 않는다고 하는 이치이다.

아리스토텔레스의 낙하 운동에 대한 해석은 옳지 않았기 때문에 물론 텅 빈 공간을 부정하는 것도 의미가 없는 셈이지만, 이제 말했듯이 아리스토텔레스가 남긴 말은 긴 역사를 거쳐 오면서 면면히 전해져 왔다. 이것을 가리키는 단적인 예로서 일본의 문학자 나츠메 소세키의 작품을 들 수 있다.

그는 『나는 고양이로소이다』라는 소설에서 「자연은 진공을 싫어하듯이, 인간은 평등을 싫어한다고 한다」라는 대구(對句) 표현을 사용하고 있다. 또 그의 작품 『가을 폭풍』에는 「자연은 진공을 싫어하고, 사랑은 고립을 싫어한다」는 문장도 볼 수 있다.

그는 서양 학문에도 조예가 깊었던 박학한 사람이었기에 아리스토텔레스의 학설을 알고 있었다고 해서 이상할 것이 없지만, 아무런 주석(註澤)도 달지 않고 소설 가운데서 여러 번이나 인용하고 있는 것을 보면 이 말은 그 당시에 이미 일반에게도 그런대로 널리 알려져 있었던 것이라고 할 수 있을 것이다.

5. 빛과 거미줄

이리하여 디랙 이론의 정당성이 실증되었다. 그러나 진공을 「공허(空虛)」로부터 「충만(充滿)」으로 바꾸어 놓는 기발함은, 말로는 설명이 되더라도 정확하게 이해하기란 매우 어렵다.

어렵기는 하지만 6장 서두에서 인용한 「거미줄」의 정경에다 포개어 놓고 보면 다소나마 그 이미지가 떠오르게 되지 않을까?

지금 전자의 플러스의 에너지 상태를 극락, 마이너스의 에너지 상태를 지옥에 대응시키면, 우선 $+m^0c^2$의 에너지 값은 연못의 수면, $-m^0c^2$ 이하에 채워진 전자는 연못에 허우적거리는 망자(亡者)에 비유할 수 있다.

극락에 있는 인간에게는 지옥이 보이지 않듯이, 진공을 채우는 전자를 우리는 직접 관측할 수 없다. 그러나 부처님에게는 연못의 물을 통해서 망자의 모습이 보인다.

그래서 부처님은 거미줄이 아닌 빛(감마선)이라는 실을, 마이너스(-)인 에너지의 지옥에서 허우적거리는 망자에게 드리워준다. 이 실을 탈 수만 있다면 망자는 극락으로 올라가 전자로서 관측에 걸려드는 것이다.

그런데 많은 전자가 한 가닥의 실에 매달리면, 실은 그 무게를 이겨내지 못하고 끊어져버려 「쌍생성」은 일어나지 않게 된다.

6. 요술 주머니

여태까지 전자를 예로 들어 얘기해왔는데, 진공에 충만해 있는 것은 전자만이 아니다. 모든 입자가 차 있다(이런 말을 하면, 모처럼 알 듯하던 이야기가 다시 갈피를 잡을 수 없게 될지 모른다).

이를테면, 마이너스 에너지 상태의 양성자(陽性子)도 존재한다. 다만, 양성자의 질량—M_0로 나타내기로 한다—은 전자의 질량 m_0의 2,000배 가까이나 되므로, 〈그림 6-1〉에 보인 에너지 갭 $2m_0c^2$도 전자의 경우의 약 2,000배가 된다.

따라서 마이너스 에너지의 양성자를 플러스의 에너지 상태로 두들겨 올리는 데는 2,000배의 에너지를 갖는 높은 빛이 필요하다. 즉 입자의 질량이 불어나면 그만큼 진공 속으로부터 끄집어내는 것도 큰일이 된다.

양성자는 양전하를 갖기 때문에 쌍생성으로 나타나는 반쪽 입자는 음전하를 갖는 양성자-「반양성자(反陽性子)」이다. 반양성자는 1955년에 미국의 세그레(E. G. Segre, 1905~1989)와 체임벌린(O. Chamberlain, 1920~2006)에 의해서 발견되었다.

124

이리하여 만들어지는 양전자나 반양성자와 같은 입자를 일반적으로 「반입자(反粒子, 반물질)」라 부르고 있다. 그리고 모든 입자가 자신의 반입자를 가지고 있다는 것이 알려져 있다(광자는 자기 자신이 반입자가 된다).

그래서 실험 조건만 갖추어진다면, 진공으로부터 어떤 입자라도 끌어낼 수 있다. 그것은 마치 원하는 것은 무엇이든지 끄집어낼 수 있는 요술 주머니와도 같다.

7. 「애꾸눈의 나라」와 반물질의 세계

새삼스럽게 말할 필요도 없이, 우리의 세계는 전자, 양성자, 중성자 등의 '보통'의 입자에 의해서 이루어져 있다. 거기에 어쩌다가 우발적으로 생긴—가속기에 의한 실험 등으로 인위적으로 발생시키는 경우도 포함—반입자가 끼어들게 된다.

그러므로 우리는 자기들을 중심으로 생각하여, 드문 존재인 양전자나 반양성자를 「반입자」라고 부르고 있다.

그런데 반양성자와 반중성자〔중성자는 전하를 갖지 않으나, 자기(磁氣)모멘트의 부호가 반대로 되면 반중성자가 된다. 1956년에 발견되었다〕를 조합하여 핵을 만들고, 그 주위를 양전자가 돌아가게 하면 「반원자(反原子)」가 형성된다.

반원자의 화학적 성질은 보통 원자와 똑같으므로, 그것들이 결합하면 다양한 반물질이 된다.

그렇다면 우주 어딘가에는 그러한 반물질로 이루어지는 세계가 있지 않을까 하는 생각이 든다. 실은 디랙 자신이 벌써 1933년의 노벨상 수상 강연의 마지막에서 이 문제에 대해 다음과 같이 다루고 있다.

「만약 양전하와 음전하 사이의 완전 대칭성이 자연의 기본 법칙이라고 하는 견해를 받아들인다면, 지구(그리고 아마 태양계 전체)에 음전하인 전자와 양전하인 양전자가 주로 존재한다는 사실은, 단지 우연에 의한 것이라고 생각하게 됩니다.

별들 중에는 상태가 달리되어 있어 주로 양전자와 마이너스의 양성자로 이루어져 있는 것이 있다는 것도 확실히 있을 수 있는 일입니다.

실제로 각각의 별이 절반씩 있을지도 모릅니다. 어느 별이든 정확하게 같은 스펙트럼을 나타낼 것이므로, 현재의 천문학적 방법으로서는 그것들을 구별할 방법이 없습니다.」

디랙의 예언이 옳다고 하면, 반물질의 별에서는 우리가 도리어 '반'물질로서의 희한한 존재가 된다. 희한하다든가 희한하지 않다든가 하는 것은 어디까지나 상대적인 수적인 문제에 지나지 않기 때문이다.

전국을 누비고 다니면서, 희한한 일들을 찾아내 서울로 올라와서 그것을 구경거리로 삼아 돈을 벌고 있던 사나이가 있었다. 사나이는 어느 두메산골 속에 눈이 하나뿐인 애꾸눈 인간들만이 사는 마을이 있다는 소문을 들었다.

애꾸눈 인간을 사로잡아, 두 눈을 가진 인간 세상에 내놓기만 하면 떼돈을 벌게 될 것이라고 생각한 사나이는 곧 가르쳐 준 산속으로 찾아간다.

그런데 숱한 애꾸눈 인간에게 에워싸이자, 도리어 그가 사로잡히고 만다. 그 마을에는 두 눈을 가진 인간이 더 희한했던 것이다.

그런데 만담의 주인공을 흉내 내어 로켓을 타고 우주를 샅샅

〈그림 6-5〉 반물질의 별에 로켓이 착륙하면…

이 찾아다닌다면 과연 반물질의 별을 발견할 수 있을까?

앞에서 말했듯이 원자와 반원자의 화학적 성질은 똑같다. 디랙의 강연에도 있듯이, 광학적 성질에 관해서도 둘은 같다. 따라서 그 별이 물질로 이루어져 있는지, 반물질로 이루어져 있는지 보기만 해서는 구별이 안 된다.

그런 만큼, 만약 반물질의 별이 우주 아무 데에나 있다고 한다면 매우 위험한 일이 된다. 조심성 없이 로켓을 그런 별에 착륙시켰다가는 그 찰나, 로켓과 상대방의 반물질이 순식간에 소멸하고, 거기서부터 강력한 빛(감마선)이 복사되기 때문이다.

그리고 보면, SF 영화 〈E. T〉에서 지구의 아이와 E. T가 서로 팔을 뻗어서 손가락이 닿자, 거기서부터 빛이 나오는 장면이 있다. 왜 빛이 복사되는지는 몰라도, 그것은 아마 아이와 E. T의 마음의 교환을 표현하고 있을 것이다.

이러한 빛의 복사라면 마음이 훈훈해지는 광경이라고도 할

수 있겠지만, 만약 E. T가 반물질의 세계에서 왔다면 두 사람
은 순식간에 사라져버리게 된다(그림 6-5).

8. 10억 분의 1의 차가 가져다준 것

이것저것 위험한 이야기를 늘어놓았지만, 사실을 말하면 현
대물리학은 우주 어딘가에 반물질의 세계가 존재할 가능성에
대해서는 부정적인 견해를 가지고 있다(그렇다면 처음부터 그렇게
말할 것이지 하고 화를 낼 사람도 있을지 모른다).

즉 어디를 가든 물질의 양이 반물질의 양을 압도적으로 웃돌
고 있는 것이라고 생각하고 있다(이렇다면 장래에 태양계를 넘어
서 우주여행이 실현되더라도 쌍소멸이라는 불행한 사고는 피할 수 있
을 것 같다).

그렇다면 이같이 물질과 반물질의 존재에 「비대칭성(非對稱
性)」이 생긴 것은 어째서일까? 이 의문에 대해서는 최근에 눈부
신 발전을 거듭하고 있는 우주론과 소립자 물리학, 그리고 그
둘 사이의 교량 역할을 하고 있는 힘의 통일 이론(統一理論)의
연구가 어느 정도의 해답을 제시할 수 있게 되었다.

그래서 자세한 설명까지 할 여유는 없으나, 묘사된 시나리오
의 요점만을 소개하기로 한다.

우주가 빅뱅(대폭발)과 더불어 탄생하자, 얼마 후 몇 종류의
원시 입자가 생성되었다. 이때 각각의 반입자도 같은 수만큼
형성되었으므로, 초기 우주에서는 물질과 반물질의 대칭성이
100% 유지되어 있던 것이 된다.

그런데 원시 입자 속에 「X입자」라고 불리는 입자가 존재했
다(—고 생각되고 있다). 그리고 같은 수만큼의 반입자 $\overline{X}$도 우주

128

〈그림 6-6〉 우주 개벽 때 신은 아주 근소하게나마 배분이 틀렸었다…

를 날아다니고 있었다.

이 X와 $\overline{X}$는 곧 붕괴하여 전자와 쿼크(Quark : 양성자나 중성자의 구성 요소로 간주하고 있는 기본 입자) 그리고 각각의 반입자(양전자와 반쿼크)가 형성되었다.

그런데 X와 $\overline{X}$의 붕괴 방법에는 아주 근소한 차이가 있었던 것이다. 따라서 붕괴 결과로 생기는 입자(전자, 쿼크)와 반입자(양전자, 반쿼크)의 수에도 아주 근소한 차이가 생겼다.

즉, 입자의 수가 반입자의 수를 아주 근소하게 웃돌게 된 것이다(그림 6-6).

어느 정도로 근소한 차이냐고 하면, 입자 10억 개에 대해 반입자가 그보다 1개만큼 적었을 정도의 차이다. 10억 분의 1의 비대칭성이라고 할 수 있다.

여기서 왜 X와 $\overline{X}$의 붕괴에 미묘한 차이가 생겼느냐고 묻는다면 입자의 붕괴를 일으키게 하는 힘의 작용이 그렇게 되게끔 이 우주가 창조되어 있었다고 대답할 수밖에—적어도 현재로서는 —없다.

어쨌든 이것에 의해 생긴 비대칭성은 인구로 환산해서 남녀 수의 차이가 불과 0.1명 정도의 작은 값이기는 하지만, 아무리 근소한 것이라도 차가 생겨버리면 사태는 결정적인 것이 되고 만다.

X와 $\overline{X}$의 붕괴에 의해서 생성된 입자와 반입자는, 서로가 만나서 쌍소멸을 일으키고 자꾸 빛이 되어서 사라져 버린다. 그리고 상대를 찾지 못한 행운의 입자—그것은 10억 개 중의 1개 —만이 살아남게 된다.

이리하여 반입자가 거의 없어졌을 때, 우주에는 입자만이 남 겨졌다.

이것은 대폭발로부터 10^{-3}초쯤 경과했을 때의 시간인데, 이 시점에서 물질로부터 구성되는 우주가 확정된 것이다.

만약 이 같은 비대칭성—이것은 어쩌면 신의 변덕이었는지도 모르지만—이 없었더라면, 입자와 반입자는 완전히 상쇄되고 우주 에는 빛만 남았을지 모른다. 그렇게 되면 물론 우리가 지금처 럼 이렇게 존재하는 일도 없었을 것이다.

7장
빛은 힘의 운반꾼

1. 「소립자의 통조림」

한때 「유카와(湯川秀樹)-도모나가(朝永振一郎) 효과」라는 말이 유행한 적이 있었다. 그렇다고 해서 이것이 중간자론(中間子論)이나 재규격화 이론(再規格化 理論, Renormalization Theory)과 관계되는 물리 현상인 것은 아니다.

노벨상 수상으로 상징되는 두 박사의 활약에 자극받아, 일본에서는 한때 소립자론 연구를 지망하는 물리학과 학생이 급증했던 일종의 '사회 현상'을 가리키는 말이다.

확실히 종이와 연필만으로—당시는 아직 슈퍼컴퓨터 따위는 없었다—자연을 구성하는 궁극 입자의 수수께끼에 도전하는 모습은 많은 젊은이에게 무척 매력적으로 비쳤을 것이다.

그러나 이러한 기초 연구나 순수 이론 분야에서 대학원을 졸업한들, 그에 걸맞은 취직 자리를 찾는다는 것은 연구 이상으로 힘든 일이었다. 대부분의 사람이 연구 기관, 특히 대학으로의 취직을 원했지만 그런 자리는 극히 한정되어 있었기 때문이다.

한 사람의 조교를 공모하는 데에 응모자가 수십 명, 아니 100명을 넘는 일도 드물지 않았다. 필연적으로 수많은 박사 낭인(浪人)을 낳게 되었다.

그래도 장래에 대한 냉엄한 상황에도 불구하고 「유카와-도모나가 효과」는 강했다. 여전히 어느 대학에서건 소립자론 연구실은 학생으로 초만원이었다.

필자가 학부 3년생이던 때 연구실의 졸업 논문 설명회에 나가 보았더니, 소립자론을 담당하시던 교수가 「소립자를 제조하는 회사는 없으니까 취직 자리를 찾는 일은 앞으로도 어려울 것이라는 것을 각오하고, 연구실 선택에 신중에 신중을 기해주기 바란다」라고 일부러 주의를 환기하시던 일이 지금도 기억에 생생하다.

그로부터 20년이 지났지만, 소립자를 '통조림'으로 만들어 팔고 있는 회사는 아직까지 나타나지 않았다. 그러나 최근 광자를 제조하는 '공장'의 존재가 광범위한 과학 분야에서 갑자기 각광을 받기 시작했다.

2. 광자 공장이란?

5장에서 말했듯이 전자 등의 하전입자가 가속 운동을 하면 그 궤도를 따라서 빛이 복사된다. 따라서 가속기 속을 전자가 달려갈 경우도 전자는 연속적으로 빛을 복사한다.

그러나 소립자 실험에서 이 현상은 결코 달가운 일이 아니었다. 모처럼 투입한 가속 에너지의 일부가 빛의 복사에 의해서 상실되어버리기 때문이다. 말하자면 빛은 '미운 존재'였다.

그런데 이 문제에 이윽고 '발상의 전환'이 찾아왔다. 전자로부터 발생하는 복사광을 귀찮은 존재로서 다루는 것이 아니라, 반대로 강력한 광원(光源)으로서 여러 분야에 이용할 수 있지 않을까 하고 생각하기 시작한 것이다. 그것은 전자의 가속을 조절함으로써 강도가 높고 지향성이 뛰어난 빛이 넓은 파장 영역(가시광에서부터 X선까지)에 걸쳐서 얻어진다는 사실을 알았기 때문이다.

이리하여 당초에는 이용 가치가 없어 버려져 있던 복사광이었지만, 현재는 복사광 전용 가속기가 건설되는 등 변모하고 있다. 쓸모가 있다는 것을 알게 된 순간부터 갑자기 신주 모시듯이 하는 것도 지나치게 약삭빠른 짓이기는 하지만, 이렇듯

134

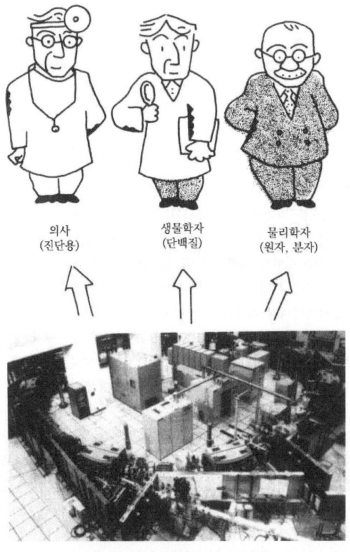

〈그림 7-1〉 광자 공장은 주문하는 빛을 제공한다
사진은 싱크로트론 복사광 시설(NTT 제공)

뜻하지 않은 전개를 보여주는 데에 과학 연구의 재미가 있는 것이라고도 할 수 있다.

일본에서도 원둘레 1㎞의 싱크로트론(원형 가속기)을 따라가면서 수십 군데에서 복사광을 끌어내는 대형 시설의 건설 계획이 추진되고 있다.

그 응용 범위는 물리학뿐만 아니라 화학, 생물학, 일렉트로닉스 등의 공업 기술, 나아가서는 순환기의 진단 등을 목적으로 하는 의학 등 실로 다양한 곳에 걸쳐 있다.

이같이 이용자의 주문에 대응하여 희망하는 파장의 강력한 빛을 제조하는 복사광 시설은 바로 「광자 공장(光子工場)」이라는 표현이 딱 들어맞는 존재라는 것을 알 수 있을 것이다(그림 7-1).

3. 전자를 둘러싸는 광자의 구름

그런데 광자 공장의 원리인 가속 전자에 의한 복사 현상은 전자가 「비단옷」이 아닌 「광자의 구름(光子雲)」을 몸에 걸치고 있는 것이라고 생각하고 다음과 같이 설명할 수 있다.

전자는 끊임없이 콩주머니 놀이처럼 광자를 던져 주고받는 동작을, 눈에 띄지 않을 만큼 빠른 속도로 반복하면서 자기 주위에 광자운을 뭉게뭉게 발생시키고 있다(그림 7-2).

방금 「눈에도 띄지 않을 만큼」이라는 표현을 사용했는데, 이것은 전자나 광자가 인간의 눈에 보이지 않는다고 하는 당연한 일을 말하고 있는 것만은 아니다. 다음 절에서 설명하는 「불확정성 관계(不確定性關係)」의 제약을 받아, 광자운은 직접적으로는 관측에 걸려들지 않는다는 의미도 포함되어 있다.

이렇게 전자에 달라붙어서 그대로는 검출할 수 없는 상태에

136

〈그림 7-2〉 전자는 광자운을 몸에 걸친다

있는 광자를 「가상 광자(假想光子)」―일반적으로는 「가상 입자」―라
고 부르고 있다.

그런데 전자가 가속 운동을 하면 달라붙어 있던 광자운이 전
자로부터 뜯어진다.

이를테면 전자가 갑자기 달려가던 방향을 바꾸었을 경우를
생각해 보자. 이때 그런 줄을 모르는 광자운은 관성에 따라서
지금까지와 같은 방향으로 계속해서 운동하려 한다. 그 때문에
광자운이 전자로부터 팽개쳐지는 것이다. 이것이 바로 전자의
궤도를 따라서 복사되는 빛이다(그림 7-3).

즉 전자에 에너지를 투입하여 가속도 운동을 일으키면 가상
광자가 튀어나와서 현실의 광자로서 관측에 걸려든다.

〈그림 7-3〉 광자 공장의 구조

4. 불확정성 관계

그러면 여기서 양자 역학의 「불확정성 관계」에 대해서 약간 언급해 두기로 하자.

1927년, 독일의 하이젠베르크(W. Heisenberg, 1901~1976)는 미시적인 대상을 관측할 때, 인간의 노력으로는 어쩔 수 없는 측정 정밀도의 한계가 존재한다는 것을 다음과 같은 사고실험(思考實驗)으로 이끌어내었다.

지금 전자의 위치를 측정한다고 생각하자. 그러기 위해서는 먼저 전자에 빛을 충돌시켜서 반사된 빛을 렌즈에 모아 상(像)을 맺게 할 필요가 있다.

다만, 전자는 꽤나 작기 때문에 그것에 걸맞은 충분히 짧은 파장의 빛을 충돌시켜주어야 한다. 이것은 일반적으로 빛의 파장이 관측할 대상의 사이즈보다 크면, 빛은 상대의 존재를 알

138

아채지 못하고 그냥 통과해버리기 때문이다. 따라서 적어도 대상의 너비와 같은 정도의 파장의 빛이 필요하다.

그래서 빛의 파장을 좋아할 만큼 짧게—어쨌든 이것은 사고 실험이기 때문에 파장은 자유로이 선택할 수 있다—해도 되느냐고 하면, 사실은 그렇게 되지 않는다는 것을 금방 알 수 있다.

파동이 아닌 입자로서의 성질에 눈을 돌리면, 파장이 짧은 빛은 운동량이 큰 광자로서 행동한다.

즉 큰 운동량을 갖는 광자에 충돌하면 전자는 빛으로부터 운동량을 받아서 운동하기 시작한다. 쉽게 말하면 힘이 센 광자가 전자를 튕겨내 버리는 것이다(이것은 5장에서 설명한 콤프턴 효과이다). 이래서는 전자의 위치를 확정할 수가 없다.

다른 방법이 없기 때문에 광자의 힘을 억누르면(운동량을 작게 한다), 이번에는 빛의 파장이 길어져서 전자의 위치가 불확실해진다. 한쪽을 성립시키면 다른 한쪽이 성립되지 않는다는 식으로 좀처럼 잘되질 않는다(그림 7-4).

하이젠베르크는 이런 엄격한 상황을 $\Delta x \cdot \Delta p \simeq h$라는 식으로 나타냈다($\simeq$은 대체로 같다는 것을 나타내는 기호). 여기서 Δx는 전자(일반적으로는 관측할 대상 입자)의 위치 x의 불확정성, Δp는 운동량 p의 불확정성, 그리고 h는 플랑크 상수이다.

식이 지니는 의미는 알 수 있는 것이라고 생각하지만, 전자의 위치를 정확하게 알려고 하면 할수록($\Delta x \to 0$), 운동량은 무엇이 무엇인지 도무지 알 수 없게 되어버린다($\Delta p \to \infty$). 반대로 운동량이 확정되면 위치가 그만큼 불확정하게 된다. 이것은 미시적인 세계의 특징이며, 양자 역학이 기술하는 「파동과 입자의 이중성」에 바탕하고 있다는 것을 알 수 있다.

〈그림 7-4〉 극미의 세계의 '저쪽이 성립하면 이쪽이 성립하지 않는다'

이와 같은 관계가 에너지 E와 시간 t 사이에서도 성립한다. 이번에는 전자에 충돌시킨 빛의 진동수 ν(뉴 : 단위시간당으로 오는 파동의 수)의 측정을 생각해 보자.

ν는 빛이 한 번 진동하는 데에 요하는 시간 Δt(주기)의 역수가 되므로, 충분히 시간을 주어서($\Delta t \rightarrow$크다) 빛을 몇 번이고 진동시키면 그만큼 ν가 정확하게 얻어진다(ν→작다).

반대로 Δt가 짧아지면 진동수의 불확정성 $\Delta \nu$가 커진다. 그래서 $\Delta \nu \approx 1/\Delta t$로 쓸 수 있다.

그런데 광자의 에너지는 E=hν로 주어지므로 진동수의 불확정성이 커지면($\Delta \nu \rightarrow$크다) 그만큼 에너지의 값도 불확정해 진다($\Delta E \rightarrow$크다). 즉 $\Delta E = h \cdot \Delta \nu \approx h/\Delta t$가 된다.

광자에 이 같은 에너지의 불확정성이 있으면, 충돌되는 전자가 광자로부터 받는 에너지에도 같은 불확정성 ΔE가 생긴다.

140

그래서 Δt의 측정에 시간을 들여서 전자의 에너지를 측정하면 $\Delta E \cdot \Delta t \simeq h$의 식으로 규정되는 불확정성 관계가 성립하게 된다.

그런데 앞 절에서 설명한 전자가 광자의 콩주머니 놀이를 하기 위해서는, 얼핏 생각하면 에너지가 필요할 듯이 생각된다. 그런데 여기서 불확정성 관계가 효과를 발휘한다.

한 번의 콩주머니 놀이를 하는 시간을 Δt라고 하면, 이 시간 내에 전자가 갖는 에너지는 $\Delta E \simeq h/\Delta t$만큼의 불확정성이 생기는 것이라고 생각해도 된다. 바꾸어 말하면 전자로부터 방출된 광자가 Δt의 시간 내에 다시 전자로 되돌아온다고 약속하면, 밑천이 없더라도 전자는 ΔE의 에너지를 조달할 수 있는 것이다.

즉 허용된 시간 안이라면 일부러 에너지를 투입받지 않더라도 전자는 콩주머니 놀이가 가능하게 된다. 이 점에서 양자 역학은 매우 융통성 있는 이론이라고 할 수 있다.

이리하여 전자는 언제나 자기 주위의 광자운을 만들어내고 있다. 다만, 구름은 불확정성 관계 속에 숨겨져 있기 때문에 이대로는 관측에 걸려들지 않는다. 이것이 앞에서 말한 가상 입자이다.

그런데 필요한 에너지를 투입해 주면(이를테면 전자를 가속 하게끔) 전자에 달라붙어 있던 가상 입자는 현실의 광자로서 튀어나오게 된다.

5. 힘이란 광자의 교환이다

이상의 설명을 토대로 하여, 이쯤에서 7장의 주제인 힘의 작용으로 이야기를 돌리기로 하자.

「힘」이라고 하는 말이 일상용어인 만큼, 우리는 그 이미지를 대충 파악하고 있다. 그러나 새삼스럽게 「힘이란 무엇인가?」 하고 묻게 되면 그 정의를 명확하게 설명하기란 수월하지 않다. 어렵다고 하는 것은 일상어의 범위 안에서뿐만 아니라, 사실은 물리학에서도 그러하다.

돌이켜 보면, 물리학은 뉴턴 역학을 바탕으로 발전하여 오늘날의 융성을 이룩했다고 할 수 있다. 그런데도 불구하고 지금에 와서 새삼스럽게 힘을 다루는 것이 귀찮다고 한대서야 무책임하다는 비난을 면할 수 없을지 모른다. 다만, 그런 힐난을 받아도 그것이 사실인 이상은 어쩔 도리가 없다.

그 증거로—라고 하면 변명 같지만—힘의 개념의 변천을 더듬어 보는 것만으로도 그대로 물리학사(物理學史)의 윤곽이 형성될 정도이다.

여기서 그 모든 것을 소개할 수는 없지만, 현대물리학이 힘의 작용을 어떻게 묘사하고 있는가에 대해서 간략하게 설명해 두기로 한다.

그러면 다시 전자에 의한 광자의 콩주머니 놀이를 생각해 보자. 아무리 전자가 콩주머니 놀이를 좋아한다고 한들, 아침부터 밤까지 혼자서 같은 짓을 되풀이하고 있으면 웬만큼 싫증이 나기 마련이다.

그래서 다른 전자가 가까이에 오면 「야 잘됐다」 하고 상대에게 콩주머니(광자)를 던져준다. 광자가 던져진 상대 전자도 그 광자를 받아 다시 상대에게 도로 던져준다(그림 7-5).

이리하여 두 전자는 광자를 교환하면서 서로에게 영향을 끼

142

〈그림 7-5〉 광자가 서로 주고받는 두 전자 사이에는 (전기적인) 힘이 생긴다

친다. 현대물리학은 이같이 광자를 주고받음으로써 전자 사이에 전기적인 힘이 작용하는 것이라고 해석하고 있다. 즉 광자가 전기적인 힘의 운반꾼이 되는 것이다.

그런데 전기적인 힘은 전자 사이의 거리에 반비례해서 약해진다는 것이 알려져 있는데, 이 특징은 다음과 같이 설명할 수 있다.

지금, 두 전자 사이의 거리를 l이라고 하면, 교환하는 광자가 이 거리를 달려가는 데에 요하는 시간은 $\Delta t = l/c$로 나타낼 수 있다.

여기서 불확정성 관계를 생각해 보면, 광자의 에너지는 $\Delta E \simeq hc/\ell$로서 주어진다. 따라서 전자 사이의 거리 ℓ 이 커질수록 교환되는 광자의 에너지—그것에 따라 광자의 운동량도—는 작아진다.

말할 것도 없이, 운동량이 작은 광자를 받으면 전자가 느끼는 충격은 그만큼 약해진다. 이것은 거리 ℓ 이 커지는 데 따라서 전기적인 힘이 약해지는 것에 대응하고 있다.

또 지금은 전자를 예로 들어서 설명해왔지만, 일반적으로 하전입자* 사이의 전기적인 힘은 이같이 광자의 교환에 의해서 작용하는 것이다.

6. 강한 힘과 약한 힘

이야기를 더욱 일반화하면 가상 입자의 교환에 의해서 힘의 작용을 설명하는 것은 굳이 전자기력에만 국한되는 것이 아니다.

이를테면 원자핵 속에서 양성자, 중성자―이것들은 통틀어 「핵자(核子)」라고 부른다―를 결합하는 힘, 즉 핵력(核力)의 작용을 유카와 박사는 중간자를 주고받는 것으로서 밝혀냈다.

다만 전자기력과 핵력에서는 힘의 도달 거리에 큰 차이가 있다. 앞의 것은 무한히 멀리까지 다다르지만, 뒤의 것은 핵 속, 고작 10^{-15}m 정도가 한계이다. 이만큼 거리가 짧다는 것은 중간자가 핵자 사이를 이동하는 시간 Δt가 지극히 짧다는 것을 의미한다.

이것을 불확정성 관계에다 적용하면, 중간자의 에너지 ΔE는 꽤 커야 한다는 것이 된다. 따라서 중간자의 질량도 그것에 대응할 만한 크기를 가지고 있다는 것이 된다($E = mc^2$).

그래서 10^{-15}m라고 하는 도달 거리를 고려해서 계산하면, 중간자의 질량은 전자의 약 300배의 값이 되는 것을 알았다. 이

* 편집자 주 : 수중에서 입자의 표면에 전기화학적 힘의 균형으로 전하를 띠는 입자.

〈표 7-1〉 네 가지 힘과 그 운반자

힘의 종류	운반자	힘의 도달 거리
중력	중력자	∞
전자기력	광자	∞
약한 힘	위크보손(W^+, W^-, Z^0)	$\leqslant 10^{-18}$
강한 힘	글루온	$\leqslant 10^{-15}$

만큼 무거워지면 핵자는 서로가 웬만큼 접근하지 않으면 콩주머니(가상 중간자)를 교환할 수가 없다. 반대로 광자는 질량이 제로로 가볍기 때문에 전자기력은 무한히 멀리까지 다다르는 것이다.

그런데 핵자나 중간자는 오늘날, 보다 기본적인 입자, 쿼크로 구성되어 있는 것으로 여겨진다. 따라서 핵력의 작용도 한 계층 낮추어서 다루어지고 있다.

즉 쿼크는 「글루온(Gluon)」이라는 입자를 교환하여 결합해서 핵자나 중간자를 형성하고 있다(Glu란 접착제를 뜻한다). 이 같은 힘을 「강한 힘」이라고 부르고 있다.

강한 힘에 대해서 「약한 힘」도 존재한다. 이쪽은 소립자의 붕괴—이를테면 중간자는 양성자, 전자, 중성미자(Neutrino)로 붕괴한다—를 일으키는 힘이다.

약한 힘은 도달 거리가 10^{-18}m로 더 짧기 때문에 교환되는 입자—입자는 「위크보손(Weakboson)」이라 불리며 W^+, W^-, Z^0 세 종류가 존재한다—의 질량은, 양성자의 100배 가까이나 되는 초중량급이 된다. 이 초중량급 입자인 위크보손은 1983년, 유럽 공동 원자핵 연구기관(CERN, 세른)의 거대 가속기 속에서 발견되었다(그림 7-6).

이상에서 소개한 세 가지 힘(전자기력, 강한 힘, 약한 힘)에다 중력을 보탠 네 가지가 현재로서는 자연계를 지배하는 기본적인 힘으로 보인다. 또 중력의 운반꾼에는 「중력자(重力子, Graviton)」라는 이름이 붙여져 있지만, 이것은 아직 검출되지 않았다(표 7-1).

7. 힘과 입자의 관계

이상의 설명으로부터 자연계에는 물질을 구성하고 있는 입자와 그들 사이에 작용하는 힘의 운반꾼이 되는 입자의 두 종류가 존재한다는 것을 알았을 것이다.

앞 것은 6종류의 쿼크와 6종류의 경입자(Lepton)로 분류된다. 쿼크는 앞에서 말했듯이 강한 힘에 의해서 결합되고, 핵자와 중간자를 구성하는 입자이다.

한편, 경입자—이것은 그리스어의 랩토스(Leptos : 가벼운 입자)에서 유래한다—에는 낯익은 전자나 물질과는 거의 상호작용을 하지 않는 것으로 알려져 있는 중성미자 등이 속해 있다. 또 힘의 운반꾼이 되는 입자는 통틀어서 「게이지 입자(Gauge Particle)」라고 불리고 있다.

또 6장에서 페르미온과 보손의 차이를 설명했었는데(〈그림 6-2〉 참조), 그것에 따르면 쿼크와 경입자는 페르미온, 게이지 입자는 보손이 된다.

그런데 물질의 근원이 되는 것이 몇 종류의 기본 입자라고 하는 것은 잘 알았을 거라 생각한다. 말하자면 이것은 우주를 구성하는 부품이라고도 할 수 있다.

〈그림 7-6〉 강한 힘과 약한 힘

〈표 7-2〉 기본 입자의 분류

```
                              ┌ 쿼크 ─────┐ u, d, c,
                              │           └ s, t, b
              ┌ 물질을         │
              │ 구성하는 입자   │
              │ (페르미온)      │           ┌ 전자, 뮤온, 타우입자
              │               └ 경입자 ─────┤
기본 입자 ─────┤                            │ 전자 중성미자,
              │                            └ 뮤온 중성미자,
              │                              타우 중성미자
              │ 힘의
              │ 운반자인 입자…게이지 입자 ─┐ 광자, 중력자
              └ (보손)                    └ 위크보손, 글루온
```

  한편, 부품을 조합하여 다양한 물질을 만들어내거나, 그 상태나 형태를 여러 가지로 변화시키는 것이 「힘」이라고 할 수 있다.

  그리고 흥미롭게 생각되는 것은, 이 같은 힘의 작용도 또 마찬가지로 기본 입자(게이지 입자)로 치환되는 점이다. 즉 광자를 비롯하는 게이지 입자가 존재하지 않으면 입자 사이에는 힘이 전혀 작용하지 않으며, 따라서 물질의 생성도 붕괴도 일어나지 않게 된다.

8. 힘의 통일과 '원시의 빛'

  그런데 현재 물리학의 중요한 테마의 하나로서 자연계의 힘을 통일적으로 기술하는 이론을 구축하려는 시도가 있다. 궁극적으로는 네 가지 힘을 모두 통일하는 데에다 목표를 두고 있

지만, 물리학자들은 우선 전자기력, 약한 힘, 강한 힘의 셋을 통일하는 문제에 도전하고 있다.

여기서 「통일」이라고 하는 말의 뜻을 간단히 설명해 두기로 하자. 현대물리학이 직면하고 있는 문제와 그 내용에는 물론 차이가 있지만, 비슷한 시도는 이미 뉴턴과 맥스웰에 의해서 이루어져 있었다.

근대 이전은 천체의 운동과 지상에서 볼 수 있는 운동이 전혀 이질적인 원인으로 생기는 것이라고 완전히 구별되어 있었다. 그런데 뉴턴은 사과가 떨어지는 것도, 달이 지구를 회전하는 것도 같은 중력에 기인하는 것임을 밝혔던 것이다. 즉 천상계(天上界)의 힘과 지상의 힘은 뉴턴에 의해서 통일되었다는 것이 된다.

또 하나, 19세기로 들어오자 전기와 자기의 현상이 서로 관련이 있다는 것이 발견되었고, 이윽고 맥스웰에 의해서 그것이 통일되었다는 것은 3장에서 말했다.

이와 흡사한 상황이 현대에서 다시 나타난 것은, 자연계를 지배한 네 가지 힘이 모두 게이지 입자의 매개에 의해서 기술될 수 있다고 하는 공통성을 볼 수 있다는 데에 바탕하고 있다.

좀 더 부언한다면, 각각의 힘을 다른 특성(세기, 도달 거리, 게이지 입자의 종류, 관여하는 현상 등)을 우리에게 보여주고 있기는 하지만 광자를 비롯하는 게이지 입자의 교환에 주목한다면 힘의 작용을 하나의 이론으로 통합할 수 있을 것이라고 하는 점이다.

이 원대한 계획은 이제 막 시작되었을 뿐이지만, 거대 가속기에 의한 소립자의 충돌 실험의 성과와 더불어 조금씩 전진하

힘의

통일상

〈그림 7-7〉 네 가지 힘의 루트는 본래 동일한 것이었을 텐데…

고 있다.

　그것에 따르면 우주가 탄생했을 때 모든 힘은 서로 구별이
안 되었고, 하나의 것으로 보였던 것이다(그림 7-7).

　그런데 우주의 팽창과 더불어 먼저 중력, 이어서 강한 힘, 그
리고 마지막으로 약한 힘과 전자기력이 분화했고, 대폭발로 부
터 약 10^{-10}초 후에 힘은 네 가지의 다른 측면을 보이게 된 것
이라고 생각되고 있다.

한편 강한 힘, 약한 힘, 전자기력을 구별할 수 없는 고온, 고밀도의 초기 우주에서는, 양성자의 100배 가까이나 되는 위크보손(약한 힘의 게이지 입자)의 질량은 소실되어 제로가 되고, 각각의 게이지 입자(글루온, 위크보손, 광자)의 구별도 할 수 없게 되어버렸다.

즉 세 가지 힘은 단일한 힘으로 통합되고, 게이지 입자는 모두 광자와 같은—이것들은 통틀어서 '원시의 빛'이라고 표현할 수 있을 것이다—행동을 하게 된다.

그런 까닭으로 대폭발 직후의 우주로까지 거슬러 올라가면 우리는 원시의 빛이 운반꾼이 되는 단일 힘으로 지배되는 세계에 다다르게 되는 셈이다.

되풀이하게 되지만 아무리 물질의 근원이 되는 기본 입자(우주의 부품)가 마련되어 있더라도 그것에 힘이 작용하지 않는다면 우주에 별이나 생명은커녕 원자조차도 탄생할 수 없었다. 이렇게 생각하고 보면 빛이야말로 지금 있는 우주의 모습을 결정지은 요인이라고 표현할 수 있을 것 같은 생각이 든다.

그래서 힘의 운반꾼으로서의 측면이 빛을 논하는 데 있어서 얼마나 중요한 테마인가를 알았을 것이라고 생각한다.

힉스장과 무거운 광자

고온 상태의 초기 우주에서는 광자와 마찬가지로 질량이 제로(0)였던 위크보손이 왜 양성자의 100배 가까이나 무거워져서 나타났을까? 이것에 대해서는 현재 다음과 같이 해석되고 있다.

우주 전체에는 「힉스장(Higgs Field)」이라 명명된 질량의 근원이 되는 장(場)이 충만해 있고, 입자는 이 힉스장과 상호작용함으로써 질량을 갖게 되는 것이라고 여겨지고 있다. 즉 개개 입자는 근본 질량을 가지고 있는 것이 아니지만, 힉스장과의 상호작용 세기에 따라서 질량을 장으로부터 흡수하는 것이다.

이것은 물속에 스펀지나 솜을 담그면 물을 흡수해서 무거워지는 현상과 비슷하다. 물을 흡수하는 능력이 강할수록 무거워지는 비율이 커지기 때문이다.

그러므로 위크보손은 힉스장과 강하게 상호작용을 하기 때문에 '무거운 광자'로 변신하게 된다. 한편 광자는 일절 힉스장과 상호작용을 하지 않기 때문에 질량도 제로(0)인 상태가 된다.

그런데 온도가 상승하면 물이 증발하듯이, 대폭발 직후의 초고온 우주로 시간을 거슬러 올라가면 힉스장도 없어져버린다. 그렇게 되면 위크보손도 보통의 광자와 마찬가지로, 무거운 옷을 벗어던지고 가뿐한 몸이 된다.

이론적으로는 일단 이상과 같이 설명되고 있지만, 사실을 말하면 힉스장의 존재는 아직 실험으로 증명된 것은 아니다. 그런 만큼 어쩐지 앞뒤를 꿰맞추려는 데에 집중하고 있는 듯한 인상이 없지 않다.

그렇다면 전에 아인슈타인에 의해서 에테르가 매장되었듯이, 어쩌면 힉스장도 허구의 가설로 끝나버릴지 모른다.

어쨌든 간에 위크보손이 무거운 광자로 변신하는 문제에는 아직도 많은 수수께끼가 남아 있다.

8장
빛의 자, 빛의 시계

1. 독설가 볼테르와 지구의 형상

뉴턴의 역학에 따르면, 지구는 자전 운동에 의해서 생기는 원심력의 작용으로 적도 방향으로—아주 근소하게나마—팽창하게 된다. 즉 완전한 구(球)가 아니라 「회전 타원체」가 되는 것이다.

뉴턴은 『프린키피아(Principia)』에서, 지구의 편평률〔篇平率= (적도 반지름-극 반지름)/적도 반지름〕의 값을 230분의 1로 산출하고 있다(대체로 말하면, 지구의 평균 반지름은 약 6,380km이고, 적도 반지름은 극반지름보다 약 21km가 길다).

그런데 18세기 초의 프랑스에서는, 반대로 지구는 극 방향으로 길게 돼 있다고 생각하고 있었다. 그것은 당시 프랑스에서는 아직도 뉴턴 역학보다 데카르트식 이론이 우위를 유지하고 있었기 때문이다.

데카르트는 우주에는 매질(媒質)이 충만하여 소용돌이치고 있으며, 그 압력 때문에 적도 부근이 강하게 눌려서 지구가 세로로 길쭉해지는 것이라고 생각했다.

또 프랑스의 천문학자 카시니 부자(J. D. Cassini와 아들 J. Cassini)가 북은 됭케르크(Dunkirk)에서부터 남으로는 피레네 산맥까지의 사이에서, 위도 1도당 자오선(극을 통과하는 지구의 원둘레)의 길이를 측량했던 바, 데카르트설을 지지하는 결과가 얻어졌다(이것은 물론, 측량 방법의 미비에서 오는 착오였지만).

이리하여 영국과 프랑스 사이에서 지구의 형상을 둘러싸고 치열한 논쟁이 벌어졌다.

독설가로 알려진 프랑스의 계몽 사상가 볼테르(Voltaire, 1694 ~1778)는, 이 착오를 『철학서간(哲學書簡)』(1734) 가운데서 다음과 같이 조롱하고 있다.

〈그림 8-1〉 지구의 형상을 둘러싸고 '영-불 논쟁'이 일어났다

「런던에 도착하는 프랑스인은, 다른 모든 일에서와 마찬가지로 철학에서도 사정이 매우 다르다는 사실을 깨닫게 된다… 파리에서 당신들은 지구를 멜론과 같은 형상을 하고 있는 것이라고 생각하고 있지만, 런던에서 그것은 위아래가 평평하게 되어 있다.」

18세기 프랑스의 멜론을 본 적은 없으나, 아마도 길쭉한 참외로 세워놓은 형상을 상상하면 될 것이다.

어쨌든 파리와 런던에서 지구의 형상이 다르다는 상태를 언제까지고 그대로 팽개쳐 둘 수는 없는 일이었다.

그래서 영·불 사이의 논쟁에 흑백을 가리려고, 프랑스 과학 아카데미는 1735년부터 36년에 걸쳐서 본격적인 측량대를 적도 바로 밑의 페루(현재의 에콰도르)와 스칸디나비아반도의 라플란드로 파견했다. 적도 부근과 북극 부근에서 각각의 자오선의 길이를 측량하여 양자의 차이를 비교하려 했던 것이다.

그리고 이것은 여담에 속하지만 루이 15세가 순수한 과학적 관심만으로 당시 스페인의 지배하에 있던 멀리 떨어진 페루까지 대측량대를 파견했을 턱이 없었다. 재정이 악화된 프랑스 왕실에는 도저히 그럴 만한 여유가 없었던 것이다.

그래도 원대한 계획이 실현된 배경에는, 측량을 명목 삼아 금을 비롯한 자원이 풍부한 페루를 식민지화할 수 있는 발판을 만들고 싶다는 프랑스의 야심이 꿈틀거리고 있었던 것 같다.

한편, 라플란드의 측량대는 1년 후 측량 데이터를 손에 넣고 무사히 귀국했는데, 페루로 간 측량대는 인디오의 폭동과 전염병, 지진 등의 비극을 겪었다. 그래도 간신히 목적을 달성하고 프랑스로 돌아온 것은 9년 후인 1744년이었다.

이리하여 많은 희생을 대가로 하여 측량이 완료된 결과, 뉴턴설의 정당성이 실증되었다.

이 전말을 볼테르는 「측량 결과는 지구뿐만 아니라, 카시니의 코까지도 납작하게 만들었다」고 비꼬고 있다.

어쨌든 이것을 계기로 지구의 형상을 둘러싼 논쟁에 종지부가 찍혔다.

2. 1m의 제정

그로부터 약 반세기 후, 루이 16세의 치정으로 옮겨간 프랑스에서 다시 지구의 측량 문제가 재연되었다.

다만, 이번 것은 지구의 형상이 문제가 된 것이 아니라 당시 국가나 지방에 따라서 달랐던 도량형(길이와 무게)의 단위를 통일하려는 움직임이 일어났기 때문이다.

말할 것도 없이 사용하는 단위가 지역에 따라 달라진다면 그

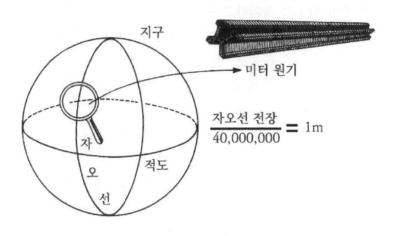

〈그림 8-2〉 고전적인 1m

것들을 일일이 환산해야 하고 불편하기 짝이 없는 데다, 길이
나 무게의 단위 기준 자체가 꽤나 부정확하게 적당히 정해진
적도 있다.

　그래서 프랑스 과학 아카데미는 다시 측량하여 정확한 자오
선의 길이를 얻어 그것을 기준으로 길이의 단위를 정하자고 제
안했다.

　구체적으로 말하면, 자오선의 길이를 측량하여 그 4,000분의
1을 1m로 정의하자고 하는 것이었다. 이리하여 과학적인 방법
에 근거하는 새로운 길이의 단위(미터)가 지구를 근거로 제정되
었다.

　그런데 앞에서 「루이 16세 치정하의 프랑스」라고 썼었는데,
3장에서도 말했듯이 1789년 7월 14일, 파리 시민이 바스티유
감옥을 습격한 것을 계기로, 그 후 10년간에 이르는 「프랑스
혁명」이 발발했던 것이다.

즉 루이 왕조가 붕괴하고 프랑스 사회가 커다란 격동기로 돌입하는 가운데서 미터를 제정하는 작업이 진행되고 있었다.

혁명과 측량에 관여한 인간은 물론 달랐지만, 어쨌든 한 사회 속에서 두 가지의 큰 사건을 동시에 진행시켜나간 에너지는 적잖이 놀랍기도 하다.

1792년 여름, 프랑스 과학 아카데미의 두 학자는 동일한 자오선에 위치하는 덩케르크와 지중해에 면한 스페인의 바르셀로나 사이의 측량에 출발했다(그 반년 후에 기요틴에서 루이 16세의 목이 잘린다).

작업은 혁명의 폭풍우 속에서 어렵게 진행되었으나 어쨌든 측량은 6년 여의 세월이 걸려서 완료되고, 그 결과를 바탕으로 자오선의 길이가 산출되었다. 그리고 그 4,000분의 1의 길이를 새긴 백금으로 만든 미터 원기(原器)가 1799년에 만들어졌다.

이리하여 길이의 단위, 미터가 결정되었는데 그것이 다른 나라들로 보급되는 데는 얼마 동안의 시간이 더 필요했다.

국제 미터 조약이 체결된 것은 1875년의 일이며, 이때 1799년에 만들어진 원기를 바탕으로 백금과 이리듐의 합금으로 제작된 새로운 국제 미터 원기가 만들어졌다. 그리고 거기에 새겨진 눈금표 사이의 거리(0℃의 온도에서의)가 1m로 결정되었다.

18세기에 두 번에 걸쳐서 지구의 측량이라고 하는 어려운 사업에 도전했던 프랑스의 노고는 여기서 일단 보상을 받게 된 셈이다.

3. 미터 원기로부터 빛의 파장으로

그런데 원기라고 하는 인공적으로 만든 '자(합금 막대)'를 단위의 기준으로 사용한다는 것은 실제 운용상 여러 가지로 불편한 일이 많았다.

이를테면 온도나 습도 등 환경이 변화하면, 원기의 길이에도 영향이 생길 우려가 있다. 설사 아주 근소한 차이라고 해도 길이에 이상이 생겨서는 단위의 기준으로 사용할 수가 없다.

또 극단적인 경우, 천재지변이나 화재 등으로 원기가 파손되는 등의 일을 생각한다면 보존 방법에도 최대한 주의가 필요하다.

또 원기에 새겨진 눈금은 아무리 가늘게 하더라도 일정한 너비를 갖기 때문에, 그 몫만큼의 오차를 벗어날 수 없었다.

그리고 애당초 미터의 근거로 선택한 자오선의 길이(지구의 형상)가 긴 시간적 규모에서 볼 때 결코 불변의 것이라고 말할 수 없다는 것도 알게 되었다.

그래서 이 같은 원기가 지니는 결점을 극복할 수 있는 새로운 단위 기준으로서 주목된 것이 원자로부터 복사되는 빛의 파장이었다.

그 까닭은 빛의 파장이라면 미터 원기처럼 주위 환경에 따라 변화하는 일이 있을 수 없는 데다, 원자는 얼마든지 존재하기 때문에 변형이나 파손을 걱정할 필요가 없기 때문이다. 따라서 측정 기술만 수반된다면 원자의 빛은 단위의 기준으로서 미터 원기보다 뛰어나다는 것을 알 수 있다.

여기서 독자는 5장에서 말한 원자의 구조를 상기하기 바란다.

그때 설명했듯이, 핵 주위를 회전하는 전자는 특정 궤도(에너지)밖에는 취할 수 없게 되어 있었다. 그리고 전자가 높은 에너

160

지 궤도로부터 낮은 에너지 궤도로 옮겨 뛸 때, 그 에너지 차에 대응하는 파장(진동수)의 빛이 복사된다(〈그림 5-7〉 참조).

그런데 전자에 허용되는 궤도의 에너지값은 원자의 종류에 따라서 고유한 것이다. 따라서 전자가 옮겨 뜀으로써 복사되는 빛의 파장도 원자마다 각각 달라지게 된다.

그렇게 되면, 빛의 파장을 미터의 기준으로 사용할 경우, 여러 가지 파장의 빛을 몇 개나 같은 세기로 방출하는 원자는 부적합하다. 가능한 한 일정한 파장의 밝은 빛을 내는 원자가 바람직하다.

이런 관점에서부터 여러 가지 원자의 스펙트럼을 측정하는 실험이 반복된 결과, 1960년에 「크립톤 원자(^{86}Kr)가 내는 오렌지색 빛의 파장의 165만 763.73배를 1미터로 한다」라는 새로운 정의가 채택되었다. 이것에 의해 미터 원기는 긴 세월에 걸친 임무를 마치고 은퇴하게 되었다.

4. 빛의 파장은 흐릿하다

그러나 이야기는 이것으로 끝나지 않았다. 확실히 새로운 정의는 미터 원기와 비교하면 뛰어나기는 했으나 그 나름의 결점도 있었다.

그것은 같은 크립톤 원자가 내는 같은 오렌지색 빛이면서도, 원자의 운동 상태에 의존하여 파장이 변동해버리기 때문이다.

왜 그 같은 일이 일어나느냐고 하면, 설사 온도를 일정하게 유지하더라도 원자는 열운동 때문에 「맥스웰-볼츠만 분포」라고 불리는 속도의 불균일성을 나타내기 때문이다. 이것은 〈그림 8-3〉에 보인 것과 같은 범종형 분포로서, 피크의 값을 경계로

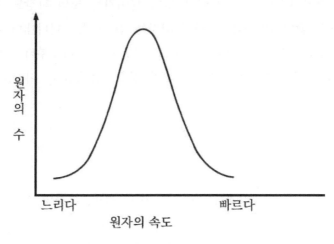

〈그림 8-3〉 맥스웰―볼츠만 분포

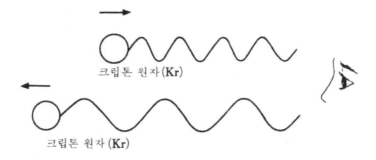

〈그림 8-4〉 도플러 효과 때문에 크립톤 원자의 파장은 일정하지 않다

원자는 빠른 것에서부터 느린 것까지 폭넓게 분포해 있다.

그런데 일반적으로 관측자에 대해 광원이 운동을 하고 있으면 빛의 파장이 변화한다는 것이 알려져 있다.

이를테면 광원이 관측자에게 접근해 오면 둘 사이의 거리가

162

짧아지기 때문에, 그 사이로 밀어 넣어지는 빛의 파장도 필연적으로 짧아져버린다. 파장이 짧다는 건 색깔로 나타내면 빛이 파르스름해진다는 것이다. 반대로 광원이 관측자로부터 멀어지면 파장이 늘어져서 빛의 색깔이 불그스름해진다. 이 현상을 「도플러 효과」라고 한다.

그래서 크립톤 원자의 오렌지색 빛을 측정하더라도, 각 원자의 열운동에 대응하여 그 파장은 어떤 너비를 가지고 흐릿하게 되어버린다(그림 8-4).

참고로 실온(室溫)에서의 공기를 예로 들면, 분자의 속도는 매초 약 500m를 평균값(맥스웰-볼츠만 분포의 최대값)으로 하여, 그 전후로 폭넓게 분포해 있다.

초속 500m라고 하는 값은 광속 c의 100만 분의 1 정도에 지나지 않지만 그래도 파장의 확산에 미치는 영향은 결코 무시할 수 없다. 더군다나 길이의 단위 기준을 전제로 하는 것과 같은 경우에 이같이 기체 원자, 분자의 열운동은 귀찮은 문젯거리로서 개입하게 된다.

5. 광속도를 길이의 단위로

도플러 효과에 의한 파장의 흐릿함을 피할 수 없다고 한다면, 원자의 운동 등에 영향을 받지 않는, 보다 적합한 기준이 없을까 하고 찾아보고 싶어진다.

이쯤에서 독자는 대충 짐작이 갈 것이다. 그것은 바로 빛의 속도이다. 4장에서 말했듯이 광속은 광원이 움직이건 관측자가 움직이건 간에 그런 것에는 일체 영향을 받지 않고, 항상 일정한 값을 가리키는 보편 상수였다.

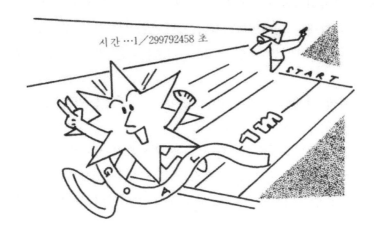

시간 …1／299792458 초

START

1m

〈그림 8-5〉 빛의 1m 경주

그리고 이것도 이미 소개한 일이지만, 광속의 측정에 관해서 인간은 긴 역사를 가지고 있다. 그리고 이미 19세기 말에는 꽤 나 높은 정밀도로 그 값을 얻을 수 있게 되었다.

그런 만큼 과거의 빛나는 전통을 반영하여, 그 후에도 각 시 대의 최첨단 과학 기술이 광속의 측정에 응용되어 왔다.

최근에는 레이저 기술을 구사하여 빛의 진동수 ν(뉴)와 파장 λ(람다)를 측정하여 그것으로부터 광속 c를 구하는 방법이 취해 지고 있다(c=ν×λ의 관계가 있다). 이것에 따르면 c=2억 9,979만 2,458m/초라고 하는 값이 매우 높은 정밀도로 얻어져 있다.

그래서 이것을 역으로 이용하기로 하여 1983년 10월, 파리 에서 열린 국제 도량형 회의에서 「빛이 진공 속을 2억 9,979 만 2천 458분의 1초 사이에 진행하는 거리를 1m로 한다」라는 새로운 정의를 채택하기로 결정했다.

여기서 한 가지 재미있는 일을 알게 된다. 전에 미터의 기준

164

으로 채용되어왔던 자오선이나 크립톤 원자의 빛의 파장도 길이를 나타내는 양이었다. 길이의 단위를 생각하는 것이기 때문에, 거기에 적당한 어떤 길이를 가져온다는 것은 당연한 일이었다.

그런데 현재의 미터는 길이가 아니라 속도를 기준으로 하여 정의하게 되었다.

이같이 굳이 다른 물리량(속도)을 써서까지 새로운 미터를 정의하게 된 것은 광속 c의 측정 정밀도가 두드러지게 향상했다는 것도 물론이지만, 무엇보다도 c가 물리학의 보편 상수라고 하는 점이 결정적인 요인이었다고 말할 수 있다.

그런데 이 책에서 살펴왔듯이, 광속은 역사 속에서 그때마다 중요한 역할을 수행해왔다.

우선 1850년에 푸코가 실시한 광속의 측정이, 빛의 파동설과 입자설의 논쟁에 결말을 짓게 되었다. 또 1871년에 맥스웰이 빛은 전자기파라고 하는 것을 밝혔을 때도 광속이 열쇠가 되었다.

또 아인슈타인의 상대성 이론이 광속도 불변의 원리를 기초로 하여 확립되었다는 것도 이미 말한 그대로다.

그리고 오늘날, 광속은 물리학의 기본 단위를 담당하는 중요한 역할을 새로이 한 가지 더 걸머지게 된 것이다.

6. '빛의 시계'는 비길 데 없이 정확하다

미터 이야기는 이 정도로 하고, 다음에는 시간의 단위(초)에 대해서 아주 간단히 언급해 두기로 하자.

시간의 단위도 길이와 마찬가지로, 전에는 지구에 근거하여 정해져 있었다. 애초 인간의 생활 패턴은 지구의 자전(낮과 밤의 반복)에 따라서 영위되고 있었기 때문에, 이것은 당연하다면 당연한 일이었다.

즉 지구의 평균 자전 주기(1일)의 8만 6,400분의 1을 1초로 정의하고 있었다.

그런데 긴 시간 규모로 보면 지구의 형상이 미묘하게 변화하듯이 조석(潮汐) 현상에 의한 마찰 등의 원인으로, 지구의 자전 주기도 아주 근소하게나마 늦어지고 있다. 이렇게 되면 초도 지구에 의존할 수는 없게 된다.

그래서 1967년, 「세슘 원자(^{133}Cs)로부터 복사되는 특정한 빛(전자기파)의 진동 주기의 91억 9,263만 1,770배를 1초」로 정의하기로 개정했다. 이리하여 오늘날, 시간의 단위에도 빛이 채용되어 있다.

그런데 길이의 단위의 경우는 광속으로 정의된 새로운 1m가 이미 자오선 전체 길이의 4,000만 분의 1과 일치하지 않더라도 별로 문제가 생기지 않지만, 시간의 단위에서는 약간 사정이 복잡해진다.

빛의 진동 주기에 근거하는 1초가 자전 주기의 8만 6,400분의 1에 합치하지 않게 되면, 긴 세월 동안에 원자의 시계가 가리키는 시각과 우리의 생활 감각(지구의 자전에 근거하는 시각)의 차이가 커져버리기 때문이다.

즉 원자시계의 진행에 지구의 자전이 따라가지 못하기 때문에, 이를테면 태양이 떠서 아침이 되었다고 생각하고 있을 때 정확한 원자시계는 이미 정오를 가리키고 있었다는 엉뚱한 일이 일어날지도 모른다.

〈그림 8-6〉 세슘 원자시계(일본 국립천문대 제공)

그러나 지구의 자전이 조금 늦어졌다고 해서 우리의 생활습관이 바뀌는 것은 아니다. 고지식하게 원자시계에 맞추어서 해가 뜨기 전부터 일어나거나, 밝을 때 잠자리에 들 수는 없는 일이다.

그렇게 되면, 원자시계 쪽을 우리의 생활 감각에다 맞춰야 한다. 그래서 지구의 자전 속도의 변화를 살펴가면서, 반년 내지 1년에 한 번 정도로 원자시계를 1초만큼만 멈추게 하고 있다. 이 조작을 「윤초(閏抄)」라고 한다.

이리하여 시간의 단위의 경우에는 우리의 생활 리듬을 허물어뜨리지 않는 연구가 이루어져 있다.

7. 물리학의 기본 단위

이상에서는 주로 미터와 초에 대한 이야기를 진행해왔으나,

<表 8-1> 기본 단위

물리량	단위명	기호
길이	미터	m
시간	초	s
질량	킬로그램	kg
전류	암페어	A
열역학 온도	켈빈	K
물질량	몰	mol
광도	칸델라	cd

이 같은 물리학의 기본 단위가 어떻게 정해지는가에 대해서 우리는 평소 별로 주의를 기울이지 않고 있는 것이 아닐까? 단위는 우리 주위에 있는 만큼 무심히 사용하고 있는 일이 많다.

그러나 단위의 기준이 확고하지 않으면 과학 연구는 성립되지 않으며, 나아가 우리의 생활 전반에도 불편을 낳게 된다. 그런 만큼 단위의 제정은—화려한 스포트라이트를 받는 일은 적을지 몰라도—과학의 기초를 떠받쳐 주는 중요한 것임을 알 수 있다.

그리고 여기서도, 방금 소개했듯이 빛이 중심적인 역할을 수행하고 있는 것이다.

9장
에필로그
―만약에 광속값이 달라졌더라면

1. 지구 밖 지적 생명의 탐사

1959년, 영국의 과학 잡지 『네이처(Nature)』에 별난 논문이 실렸다. 그것은 코코니(Cocconi)와 모리슨(Morrison)에 의한 「전파를 이용하여 지구 밖의 지적 생명(知的生命)을 찾자」는 제안이다.

당시는 천체 관측에 전파 망원경이 사용되기 시작한 지 얼마 안 되던 무렵이었다. 즉 인간은 우주로부터 날아오는 전파를 수신하여, 거기에 담긴 정보를 해석할 수 있게 된 것이다.

그래서 인간 이상의 과학 기술을 가진 문명이 우주 어딘가로부터 자기들의 존재를 알리는 메시지를 전파로 보내고 있다고 한다면, 그것을 전파 망원경으로 포착할 수 있지 않겠느냐고 하는 '로맨틱한' 가능성이 기대되었던 것이다.

그런데 같은 인간 사이에서도, 이민족의 접촉이 처음 이루어졌을 때는 언어나 습관의 차이가 상호 이해의 큰 장벽이 되었다. 처음에는 사전도 안내서도 없었기 때문에 커뮤니케이션을 성립시킨다는 것은 큰일이었을 것이다.

하물며 상대는 이민족이 아닌 이성인(異星人)이다. 언어는커녕 그 모습도 형상도 알지 못한다. 그리고 도대체 어디에 있는지— 단적으로 말해서 있는지 없는지—조차도 모른다. 그렇다면 로맨틱한 이 제안도 구체적인 탐사 방법이 없으면 적어도 과학적인 의미는 상실되고 만다.

이 점에 관해서 코코니와 모리슨은 수소가 내는 주파수 1,420메가헤르츠(MHz : 파장 21㎝)의 전파가 송신 수단으로 사용되고 있는 것이 아닐까 하고 상정했다.

여기서 다시 한 번 이민족과의 접촉을 예로 든다면, 처음에는 아마 손짓, 발짓 등 몸의 동작으로, 인간으로서 공통으로 이해할 수 있는 내용—이를테면 먹는다거나 잠을 잔다거나 하는—을 상대에게 전달하려고 노력한 것이 커뮤니케이션의 계기가 되었을 것이다.

이성인을 상대로 할 경우도 공통의 '무엇인가'를 이용하는 것은 마찬가지이다. 다만, 이번에는 인간 수준이 아니라 우주 수준의 공통성이 아니면 안 된다. 그 후보로서 주목된 것이 방금 말한 1,420MHz의 전파인 것이다.

그 이유는, 수소는 우주 어디에나 풍부히 존재한다. 따라서 어떤 지적 생명에게도 수소는 잘 알려진 원소일 것이다. 더구나 거기서부터 복사되는 1,420MHz의 전파는 잡음이 적고, 전파 망원경으로 수신하기 쉽다고 하는—성간(星間) 통신에서의—이점이 있다.

그렇다면 이것을 우주에서 공통으로 이해할 수 있는 커뮤니케이션의 수단으로 이용할 가능성은 그런대로 설득력이 있을지 모른다(그 후, 통신 수단으로서 수소보다 더 우수한 주파수의 전파를 내는 원자, 분자가 우주에서 발견되었다).

물론, 설사 사용할 전파가 결정되었다고 하더라도 그것만으로 복잡한 내용의 정보를 자유로이 보낼 수 있는 것은 아니다. 그러나 이를테면, 전파를 규칙적인 주기로 계속적으로 발신하는 등의 방법을 취한다면 적어도 그것이 자연 현상이 아니라 인공적으로 송신되어 온 신호라는 것을 식별할 수는 있을 것이다.

그런데 코코니와 모리슨의 제안은 이듬해인 1960년 여름, 드레이크(F. Drake)에 의해 미국의 그린뱅크 천문대에 막 완성된 전파 망원경을 사용하여 실행으로 옮겨졌다.

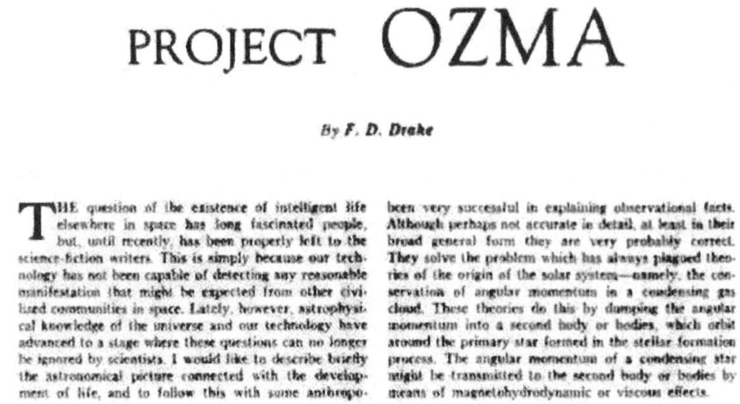

PROJECT OZMA

By F. D. Drake

THE question of the existence of intelligent life elsewhere in space has long fascinated people, but, until recently, has been properly left to the science-fiction writers. This is simply because our technology has not been capable of detecting any reasonable manifestation that might be expected from other civilized communities in space. Lately, however, astrophysical knowledge of the universe and our technology have advanced to a stage where these questions can no longer be ignored by scientists. I would like to describe briefly the astronomical picture connected with the development of life, and to follow this with some anthropo-

been very successful in explaining observational facts. Although perhaps not accurate in detail, at least in their broad general form they are very probably correct. They solve the problem which has always plagued theories of the origin of the solar system—namely, the conservation of angular momentum in a condensing gas cloud. These theories do this by dumping the angular momentum into a second body or bodies, which orbit around the primary star formed in the stellar formation process. The angular momentum of a condensing star might be transmitted to the second body or bodies by means of magnetohydrodynamic or viscous effects.

〈그림 9-1〉 오즈마 계획의 보고 논문의 일부
(『피직스 투데이』, 1961년 4월호)

탐사의 대상으로 선택된 것은 거리 약 11광년으로 지구와 비교적 가깝고, 태양을 닮은 두 개의 별(고래자리의 타우별과 에리다누스자리의 입실론별)이다. 이 관측은 옛날얘기 「오즈의 마법사」를 따서 「오즈마 계획」이라고 명명되었으나, 이성인으로부터의 호출이라고 생각될 만한 전파는 검출되지 않았다(그림 9-1).

그 후 1970년대에 들어와서 전파 망원경의 건설이 잇따르자, 지구 밖 문명의 탐사도 활발하게 시도되었다. 그러나 현재로서는 아직 그 존재를 시사할 만한 증거는 아무것도 얻어지지 않았다.

2. 코페르니쿠스적 전환은 다시 있을까?

그래도 전파 천문학(電波天文學)의 발전과 더불어 지구 밖 문명의 탐사가 해마다 활발해지고 있는 배경에는, 지구(인간)는 우

주 속에서 결코 특별한 존재가 아니라는 생각이 있기 때문일
것이다.

확실히 16세기 중엽, 코페르니쿠스가 지동설(태양 중심설)을
제창한 이래, 지구는 우주의 중심이라고 하는 특별한 위치를
포기하게 되었다.

또 지구가 그 주위를 회전하는 태양은 밤하늘에 빛나는 항성
의 하나에 불과하고, 그것들을 감싸는 은하도 우주에 많이 흩
어져 있는 성운(星雲)의 하나에 지나지 않는 셈이다.

거기서부터 생명이 싹트고, 그것이 고도한 문명에 도달할 수
있을 만한 환경이 갖추어진 별이 지구 밖에도 존재하는 것이
아닐까 하는 기대가 부풀었을 것이다.

그런데 이같이 지구 밖 문명이 존재할 가능성에 대한 관심이
높아지는 가운데서, 새삼 우리의 지구라고 하는 것에 눈을 돌
려보면 반대로 지금까지 그냥 보아 넘겨온 지구의 특이성이 부
각된다는 흥미로운 현상을 깨닫게 된다.

이를테면, 지구의 궤도 반지름(태양으로부터의 거리)이 불과 수
%만 달라졌었더라도, 지구의 기후는 온통 일변하고 만다. 태양
에 접근하면 작열하는 지옥이 기다리고 있을 것이고, 멀리 떨
어져 나가면 얼음의 세계가 나타난다.

그렇게 되면 생명의 진화는 도저히 생각조차 할 수 없다. 이
것은 지구의 크기나 자전축의 기울기가 미묘하게 변화했을 경
우에도 적용된다.

같은 논의를 태양에 대해서 적용해 보자.

태양의 질량이 지금보다 수십 % 커진다면, 핵융합에 의해 수
소를 소비하는 속도가 빨라진다. 따라서 태양의 수명은 그만큼

174

짧아지고, 지구 위에 생명이 진화할 시간적 여유가 없다는 것이 된다.

반대로 질량이 수십 %만 작아져도 태양은 어두워지고 지구의 생명이 자랄 만한 에너지를 공급할 수가 없게 된다.

이런 요인만을 생각해 보더라도, 지구는 생명의 진화에 관한 몇 가지 좋은 조건이 겹친 작은 확률 위에 존재해 있다는 것을 알 수 있다. 그것은 미묘하게 밸런스를 취하는 줄타기에 비유할 수 있을지도 모른다.

또 이러한 조건들이 갖추어졌다고 하더라도 실제로 거기에 생명이 탄생하고 인간이 나타나기까지의 46억 년의 과정에는, 그야말로 헤아릴 수 없을 만큼 많은 요인이 작용했을 것이다.

그중의 하나라도 어긋났었더라면 지구의 양상은 완전히 달라졌을지도 모른다. 무수한 선택지(選擇技)의 하나가 요행스럽게도 현재의 모습이었는지도 모르기 때문이다. 그렇다고 하면, 어떤 별에 지적 생명이 나타날 확률은 꽤나 작다는 것이 된다.

다만, 유감스럽게도—여기가 중요한 대목이지만—현재 과학의 단계에서는 이 확률을 정확하게 예측할 수 없다. 따라서 낙관론자가 되느냐, 비관론자가 되느냐에 따라서 그 값은 어떻게든지 변화해버린다(이 테마에 대해서는 루드 트레필이 지은 『적막한 우주인』이라는 책에서 흥미로운 고찰을 하고 있다). 앞으로 별의 진화나 생명 탄생의 메커니즘 등이 충분히 해명될 때까지 그 답은 당분간 유보할 수밖에 없을 것이다.

어쨌든 지적 생명이 나타날 확률이 꽤나 작다고 하더라도, 우주에 존재하는 별의 수가 그것을 커버할 수 있을 정도라고 한다면 지구 밖 문명의 존재도 기대할 수 있는 셈이다.

그러나 별의 수로서도 커버할 수 없을 만큼 확률이 작다고 한다면……, 지구(인간)는 우주 속에서 완전히 특별한 존재가 되어버린다. 그렇게 되었을 때는 다시 한 번 코페르니쿠스적 전환이 일어나게 될지도 모른다.

3. 우주와 보편 상수

그러면 이쯤에서 얘기를 별에서의 사건으로부터 우주 자체로 펼쳐 보기로 하자.

이성인이 존재하든 아니든 간에 우리의 우주가 대폭발로부터 150억 년의 시간을 거쳐서, 어쨌든 지구 위에 인간이라고 하는 지적 생명을 창조한 것은 틀림없는 사실이다. 설사 거기에 이르기까지의 확률이 아무리 작은 값이었다고 한들 이것은 엄연한 사실이다.

이렇게 말하면 당연한 일을 가지고 무엇을 새삼스럽게 뽐내느냐고 미심쩍게 생각할지 모르지만, 문제는 이렇다.

앞에서 만약 지구의 궤도 반지름이나 태양의 질량이 달라졌더라면 하는 논의에서부터, 지구의 특이성에 대해서 생각해 보았다. 그래서 이번에는 우리 우주가 그 속에 지적 생명(인간)을 탄생시켰다고 하는 특이성—그 장소가 지구에만 한정되는지 어떤지는 접어두고서—에 대해서도 마찬가지로 생각해 보자는 것이다.

이것은 지구의 경우와 마찬가지로 조금이라도 어떤 밸런스가 허물어지면, 우주의 모습은 완전히 다른 것이 되어 있었을 것이기 때문이다. 그리고 그 「어떤 것」이란 물리의 보편 상수(광속 c, 중력 상수 G 등과 같이 시간, 장소, 그 밖의 조건에 의하지 않고, 항상 일정한 값을 취하는 상수) 바로 그것이다.

<表 9-1> 보편상수의 예(『피직스 투테이』, 1987년 8월호)

보편 상수	기호	수치	단위	오차(ppm)
광속도	c	299 792 458	ms^{-1}	
플랑크 상수	h	6,626 075 5(40)	10^{-34}Js	0.60
전기 소량	e	1,602 177 33(49)	10^{-19}C	0.30
중력 상수	G	6,672 59(85)	$10^{-11}m^3kg^{-1}s^{-2}$	128
전자 질량	m_e	9,109 389 7(54)	10^{-31}kg	0.59
양성자 질량	m_p	1,672 623 1(10)	10^{-27}kg	0.59

즉, 보편 상수가 현재의 값으로부터 아주 근소하게나마 벗어났었더라면—가령 광속이 2분의 1이라든가, 중력 상수가 2배라는 식으로—과연 그러한 우주에 지적 생명이 나타났을까 하는 문제가 자연히 생기게 된다.

이 같은 관점에 서면, 보편 상수는 우주의 진화를 규정하는 것으로서 파악할 수 있다. 그것은 마치 게임의 전개를 규정하는 스포츠의 룰과도 같은 것이다.

그래서 우주의 이야기로 나아가기 전에, 논점을 좀 더 알기 쉽게 하는 의미에서 다음과 같은 야구에 비유한 이야기를 생각해 보기로 하자.

4. 야구의 룰이 달라졌더라면

프로 야구의 TV 중계 등을 보고 있다가 감탄하는 것은, 홈런이나 파인 플레이도 그러하지만, 그 룰이 참으로 교묘하게 만들어져 있다는 점이다.

공격 측과 수비 측의 밸런스가 잘 이루어지고, 게임의 전개

〈그림 9-2〉 스트라이크 존이 작아진다면, 야구는 현재와는 전혀 다른
게임이 될 것이다

에 긴장감이 감돌며, 승부에 흥미가 솟구치는 것도 이 룰 덕분
이다. 그런 의미에서는 프로 야구의 융성도, 인기 선수가 존재
하기 전에 룰이 수행하는 역할이 크다고 말할 수 있을 것 같다.

　여기서 구체적인 예를 들어 설명해 보자. 이를테면 스트라이
크 존이 〈그림 9-2〉처럼 작아지면 어떻게 될까? 투수에게는
압도적으로 불리해질 것이 뻔하다. 삼진의 수는 줄어들고 반대
로 포볼이 늘어날 것이다.

　그리고 타자는 치기 쉬운 좁은 범위의 공만을 노리면 되기
때문에 타구는 홈런이 급증하게 될 것으로 쉽게 상상이 된다.
또 삼진, 포볼 등의 룰이 만약 4진, 드리볼, 4아웃이라면 좀처
럼 교대가 되지 않고, 언제까지고 게임이 질질 이어져 나갈 것
이 예상된다.

　비슷한 일은 야구장의 너비나, 일루선과 삼루선이 이루는 각

178

도에 대해서도 말할 수 있다. 홈베이스로부터 외야의 펜스까지 거리가 50m로 짧아지거나, 페어그라운드가 90도보다 넓게 정해졌더라면 홈런의 진미 등은 없는 것과도 같다.

방금 말한 것과 같은 룰 아래서 야구를 한다면 아마 100점, 200점이라는 득점도 당연한 일이 되어버릴 것이다. 자연히 게임의 전개는 전혀 이질적인 것이 되어 버린다. 아니 그전에 이런 시시한 게임의 내용으로는 야구를 하려는 생각조차 일어나지 않을 것이다. 즉 야구 자체가 존재하지 않게 된다.

이렇게 생각하면 현실의 야구의 룰—그것은 방금 말한 기본적인 사항뿐만 아니라, 여러 가지 세부적인 규칙까지 포함하여—은, 복잡하게 서로 기능을 발휘해 가면서 야구라고 하는 스포츠를 재미있게 만들고 있다는 것을 잘 알 수 있다.

5. 만약 중력 상수가 달라졌더라면

그러나 그렇게 말은 하지만, 우리는 평소에 이런 일을 일일이 의식하면서 야구를 보고 있는 것은 아니다. 룰을 모르면 게임을 즐길 수가 없지만, 그렇다고 해서 왜 룰이 그렇게 정해졌느냐고 캐고 따지는 일은 없을 것이다.

마찬가지로 우리는 보편 상수를 사용하여 물리학을 연구하고 있지만, 새삼스럽게 그것이 왜 〈표 9-1〉에 보인 것과 같은 값을 취하느냐고 캐고 드는 일은 거의 없다. 또 질문을 한들 만족할 만한 답을 제시할 수도 없다.

다만 그것에 대해 대답은 할 수 없더라도 앞에서 말했듯이 만약 보편 상수의 값이 달라졌더라면 우주의 모습이 크게 변모했을 것이라는 것을 상상할 수 있다.

이를테면 별의 형성에 있어서의 중력 상수 G의 역할을 생각해 보자. 별은 우주 공간에 떠돌아다니는 가스가 중력의 작용으로 서로 끌어당겨져서 수축하는 데서부터 태어난다.

수축이 진행되어 가스 덩어리의 밀도가 충분히 높아지면, 이윽고 그 중심부에서 수소가 핵융합을 일으켜 헬륨이 생성된다. 이때 막대한 에너지가 광자(감마선)로서 방출된다. 말하자면 태양(항성)이 되기 위한 '점화 스위치'가 눌리는 셈이다.

이리하여 발생한 감마선은 별의 내부에서 가스와 충돌하여 조금씩 에너지를 상실해 간다. 감마선을 상실한 에너지는 열로 변환되기 때문에, 별의 중심부에서는 온도와 압력이 높아진다.

그 결과, 중력에 의한 가스의 수축에 스톱이 걸린다. 즉 중력에 의한 수축과 핵융합의 밸런스가 잡혀서, 태양은 수십억 년에 걸쳐 안정 상태로 정착되는 것이다.

그런데 에너지를 상실한 감마선은 서서히 파장이 길어져서, 별의 바깥층 부분에 도달한 무렵에는 가시광선으로 모습을 바꾸어 우주로 복사된다. 이것이 바로 태양을 빛나게 하고 있는 것이다.

그런데 만약 중력 상수가 현재의 값보다 크다고 한다면, 가스의 수축은 멎지 않고 진행되어 간다. 따라서 태양은 짧은 기간에 연소되고 만다.

즉, 우주에는 짧은 수명으로 빛을 잃어버리는 별이 연달아 태어났다가는 사라져 가게 된다. 이렇게 되면 행성 위에 생명이 자라날 시간적 여유도 없어지고 만다.

반대로 중력 상수가 작아지면, 가스의 수축은 뜻대로 되지 않으며, 우주에 반짝이는 별들이 태어날 가능성이 없어진다.

180

이 같은 중력 상수의 영향은 물론 별의 일생에만 그치지 않는다. 대폭발을 일으켜 팽창을 시작한 우주도 중력 상수가 크면 곧 팽창에 제동이 걸리고, 이윽고 우주는 수축으로 전환하게 된다.

반대로 중력 상수가 작으면 팽창은 급속히 진행하기 때문에, 가스(물질)의 밀도가 희박해져서 별이 생성되는 일도 없다.

이런 식으로 중력 상수의 단 한 숟가락의 가감으로 우주의 구조도, 수명도 일변해버리는 것을 알 수 있다.

6. 만약 광속 c가 달라졌더라면

그렇다면 이번에는 광속 c가 달라졌더라면 어떻게 되는지를 생각해 보기로 하자.

광속은 그야말로 물리학의 여러 곳에 얼굴을 내밀고 있지만, 뭐니 뭐니 해도 낯익은 것은, 이 책에서도 여러 번 등장한 $E=mc^2$의 관계식일 것이다. 여기서 광속은 에너지와 질량의 환산율(c^2)을 부여하고 있다.

우리 우주에서는 c가 크기 때문에, 아주 근소한 질량이라도 그것이 에너지로 변환되면 막대한 값이 되어버린다.

이를테면 질량이 10^{-30}kg에 불과한 전자와 양전자가 만나서 쌍소멸(雙消滅)을 일으키면, 수십만 전자볼트(eV)의 에너지의 감마선이 발생한다.

또 앞 절에서 소개한 핵융합에서는 반응의 결과로 생기는 헬륨의 질량이 그것을 구성하는 양성자, 중성자의 질량 합계보다 아주 근소하게 가벼워져 있다. 즉 핵융합 때문에 상실된 일부의 질량이 감마선으로 모습을 바꾸어버리는 것이다.

〈그림 9-3〉 '이 책(블루백스)' 한 권의 질량이 모두 에너지로 변환된다면…

또 전자나 양성자로는 너무 작아서 실감이 나지 않는다고 한다면, 지금 당신이 읽고 있는 이 「블루백스」를 생각해 보자. 손바닥에 올려놓을 만한 가벼운 책이라도, 그 질량을 모조리 에너지로 바꾸어 놓는다면 그 크기는 매그니튜드 7.9 정도의 엄청난 대지진의 에너지와 맞먹는다고 하니까 정말로 놀랍기만 하다(그림 9-3).

그런데 환율이 크게 변동하여, 통화의 '절상' 또는 '절하'가 급격히 진행하면 경제 시장에 커다란 영향이 생긴다. 마찬가지로 '에너지-질량'의 변환율(c^2)이 변동하면 자연계는 큰 혼란을 낳게 된다.

이를테면 고온, 고밀도였던 초기 우주에서는, 입자와 반입자(反粒子)의 쌍소멸(〈그림 9-4〉 참조)이 활발하게 이루어지고 있었다. 또 그 반대로 고에너지의 빛이 진공으로 흡수되거나〈그림 6-3〉

182

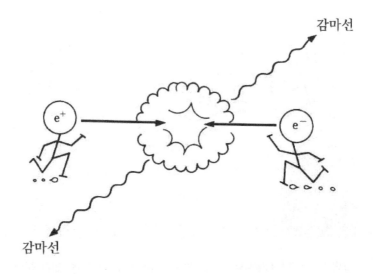

〈그림 9-4〉 전자(e⁻)와 양전자(e⁺)의 쌍소멸

참조), 고에너지의 다양한 충돌 현상에 의해서 입자-반입자의 쌍생성(雙生成)도 동시에 이루어지고 있었던 것으로 생각된다. 즉 물질과 복사(빛)의 생성, 소멸이 반복되고 있었던 것이다.

그런데 우주의 온도가 내려가고, 그것에 따라 날아다니는 빛이나 입자의 에너지가 내려가면, c^2이라고 하는 높은 변환율 아래서는 이미 쌍생성을 일으켜 물질을 만들어낼 수 없게 되어 버린다.

그렇게 되면, 쌍소멸만이 잇달아 일어나게 된다. 6장에서 말했듯이 입자는 아주 근소하게나마 반입자보다 많이 태어났다. 그 결과 우주에는 쌍소멸을 벗어난 입자만이 남겨졌던 것 이다.

그런데 만약, 광속이 지금보다 느렸었다고 하면, 변환율(c^2)도 작아지기 때문에 그것에 따라서 낮은 에너지에서도 물질로의 변환이 가능해진다. 즉 반입자가 사멸하고 입자만이 살아남게 되기까지, 대폭발로부터 계산하여 훨씬 긴 시간을 필요로 한다.

반대로 광속이 지금보다 빠르다면, 더욱 짧은 시간에 이 같은 상태에 도달한다.

어쨌든 간에, 이렇게 하여 살아남은 입자가 근원이 되어 이윽고 가벼운 원소가 만들어지고 별이 형성되었다는 것을 생각하면, 광속의 값은 초기 단계에 있어서 이미 우주의 상태와 깊숙이 관계되고 있었다는 것을 알 수 있다.

7. 힘의 전달과 광속

다음에는 힘의 작용에 대해서 생각해 보자. 여기서도 광속의 값은 중요한 요인이 된다.

7장에서 핵자(양성자, 중성자)는 중간자를 주고받음으로써 서로 핵력(核力)을 작용한다고 설명했다(7장-6 참조).

지금 중간자의 질량을 m, 중간자가 핵자 사이를 이동하는 시간을 Δt라고 하면, 이것도 이미 설명한 불확정성 관계 $(\Delta E \cdot \Delta t \simeq h)$로부터 $\Delta t \simeq h/\Delta E = h/mc^2$가 된다.

중간자의 속도를 광속 c(이 이상으로는 빨리 달려갈 수 없기 때문에)로 취하면, Δt 사이로 중간자가 달려가는 거리─즉, 핵력의 도달 거리─는 $\ell = c \cdot \Delta t \simeq h/mc$로 주어진다.

실제의 ℓ 값은 10^{-15} 정도(〈표 7-2〉 참조)이지만, c가 커지면 핵력의 도달 거리는 짧아진다. 그리고 만약 도달 거리가 핵자의 너비 이하가 되면, 이미 핵자는 단단하게 결합할 수 없게 없다.

즉, 원자핵은 안정하게 존재할 수 없는 것이다. 원자핵이 존재하지 않으면 원자도 분자도 형성되는 일이 없다.

184

  반대로 c가 작아져서 핵력의 도달 거리가 길어지면, 그것은 또 그것으로서 원자의 구조나 반응에 커다란 변화를 일으키게 된다.

  이런 비유를 들자면 한이 없지만(많은 사람이 여러 가지 가능성을 말하고 있다), c를 비롯하는 보편 상수(〈표 9-1〉 참조)가 조금이라도 달라지면 원자핵이나 원자의 구조, 특성이 전혀 이질적인 것이 되어버리는 상태를 이해했으리라고 생각한다.

  그렇게 되면 자연히 우주에 존재하는 물질의 형태도 달라지고 생명의 탄생에 필요한 유기 화합물도 만들어지는 일이 없을 것이다. 물론 인간(지적 생명)이 태어날 가능성도 없어진다.

8. '기적'의 귀결

  이상과 같은 논리를 따른다면, 우주에 인간이 태어난 것은 광속 등의 보편 상수가 현재의 값으로 설정되었기 때문이라는 해석이 성립된다.

  만약 이들의 값이 조금이라도 달라졌더라면—몇 가지 소개한 비유처럼—우주는 다른 진화를 이룩하여 인간은 나타나지 않았을 것이라고 생각되기 때문이다.

  인간이 없으면 우주가 인식되는 일도 없기 때문에, 그러한 '아무도 없는' 우주는 존재할 의미를 상실하게 된다. 이같이 인간이 우주의 상태를 역으로 규정하고 있다고 하는 파악 방법을 「인간 원리(人間原理)」라고 부르고 있다(최근에 와서 이 문제에 관한 논의가 활발하다).

  그렇게 생각하면 보편 상수의 값을 절묘한 조합으로 선택하여 탄생한 우리 우주는, 코페르니쿠스적 전환을 다시 일으킬

수 있을 만한 특별한 존재라고 할 수 있을지 모른다. 그리고 이것을 만약 '기적'이라고 불러도 된다면, 우리 인간은 그 기적의 귀결로서 현재 여기에 존재하는 것이다.

빛으로 말하는 현대물리학

광속도 C의 수수께끼를 추적

1 쇄 1990년 03월 20일
중쇄 2018년 04월 06일

지은이 고야마 게이타
옮긴이 손영수
펴낸이 손영일
펴낸곳 전파과학사
주소 서울시 서대문구 증가로 18, 204호
등록 1956. 7. 23. 등록 제10-89호
전화 (02)333-8877(8855)
FAX (02)334-8092
홈페이지 www.s-wave.co.kr
E-mail chonpa2@hanmail.net
공식블로그 http://blog.naver.com/siencia

ISBN 978-89-7044-078-1 (03420)
파본은 구입처에서 교환해 드립니다.
정가는 커버에 표시되어 있습니다.

도서목록

현대과학신서

도서목록
BLUE BACKS